Chocolate Picnic

A balance diet is a piece of chocolate in each hand.

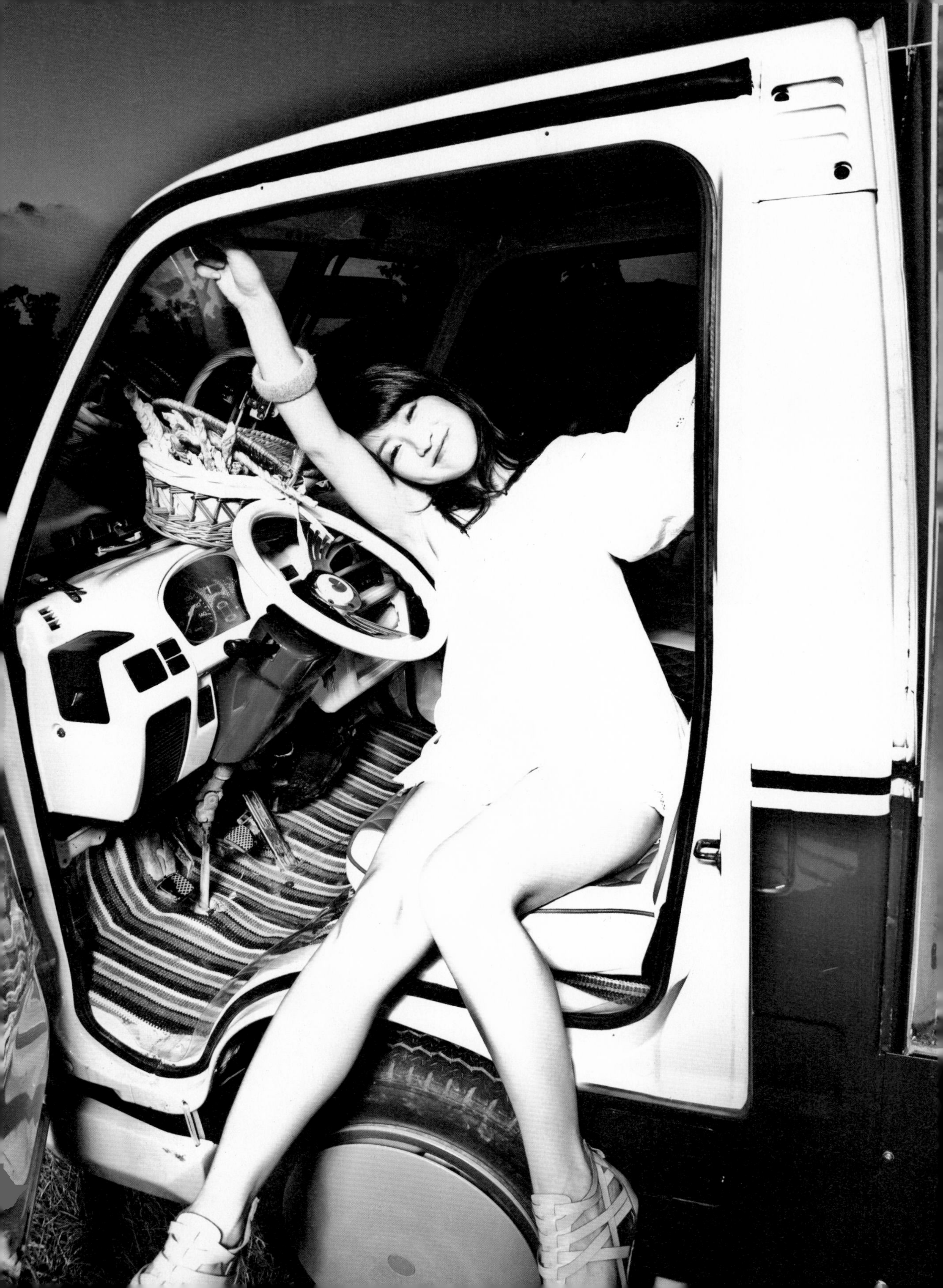

I want to be a gypsy...drive out to the golden sunset, with my vintage blue van, Hawaiian ukulele & a basketful of chocolate goodies...

Life deserves a chocolate picnic.

Underneath the velvet sky...and the scent of chocolate and wine...

Just wanna stay forever this way...

Time melts away...

Music and chocolate always perfect together.

Remember......when no one understands you, there is always chocolate.

This is my 1st BOOK ever! .. hopefully with many more to come ☺. 我深信做任何事都要很用心.. 这本書也不例外.
这样,我才可以很兴奋,很驕傲和你分享这個作品.

There are so many people that I have to thank for making this come true.

First & foremost — God; 因为有祂,我们凡事都能! ☺. My adorable parents, my brother, my best friends & loved ones: 彤彤, Wernie, 杰倫, Crystal, mini 酱...

The team @ KATE PUBLISHING: 玉凤, Mimy, 茵茵, 紀友, 芷穎. 謝謝你們给我自由去玩和落实我在書裡想呈现的创意!

Thank you, Shingi for the beautiful photographs! You made me look like a supermodel! You are an inspiration to me! ♥

And to everyone else @ BAC who believes in our vision: Painting the world with chocolate & making it a better place ♥

Love,

CONTENT

Bite III Chocolate Treats 巧克力的魔幻點心

Bite IV Chocolate Me 巧克力我的初世紀

Life is like a box of chocolates —you never know what you're gonna get.
人生就像一盒巧克力，你永遠不知道下一個會拿到什麼口味。
1994年，Forrest Gump《阿甘正傳》

Bite
I

Chocolate Business

巧克力的事業王國

The chocolate beginning

巧克力的二三事

小時候的我，常常被媽媽裝扮成卡通人物草莓蛋糕公主的樣貌，好像從那時候就跟蛋糕脫離不了關係了。

四歲時，我因為跟媽媽要不到巧克力冰淇淋吃，我摑了佛祖一巴掌，結果回家被關緊閉。從五歲開始，媽媽每一年就會送我上面有數字的巧克力蛋糕，之後就會非常期待每一年的巧克力蛋糕到來。

巧克力蛋糕、巧克力冰淇淋、巧克力糖果、巧克力麵包……好多好多的巧克力香氣、巧克力色澤，就這樣充滿了我的每一天。長大了，二十二歲第一次獨自一個人旅行，我最想要尋覓的，還是那躲在巴黎櫥窗裡的咖啡色寶物──巧克力。

我從來不知道，黑巧克力是什麼，直到大學時期，同學告訴我，我才品嚐到了巧克力真正的美好味道。然後，二十六歲的我，開設了第一家巧克力店，我的巧克力夢想開始起飛；二十七歲的我，創造了屬於我的巧克力王國。

阿甘說：「人生就像一盒巧克力，你永遠不知道下一個會拿到什麼口味。」而Stella的巧克力人生，總是充滿驚奇、令我意猶未盡，想要一輩子這樣吃下去。

LUCKY
DRAW

Born to love chocolate
從小就愛巧克力

我非常喜愛巧克力。快樂的時候，我會想吃巧克力；沮喪的時候，巧克力會帶給我安慰的感覺；寂寞的時候，我享受與巧克力獨處的時光。有許多人對巧克力擁有強烈的感情，巧克力甚至是他們愉快童年回憶裡的一部分，我也不例外。

在研究巧克力的時候，我讀了一些相關的書，發現巧克力有些特質很吸引我，它的百變、它的神祕、它所帶來的許多驚喜，巧克力就像一個永遠不會讓我覺得無聊或煩膩的對象，越與它相處，就越能掀開它更多的面向。巧克力常常讓我有「哇，好棒哦，原來巧克力跟這個東西搭配起來是這個樣子」的感覺。

我一頭栽進巧克力的世界，但是我其實沒有一個長輩或比較有經驗的「巧克力導師」來帶領我認識這個世界。不過，有一位長輩的巧克力故事讓我印象深刻。

我有一位伯母，她有習慣在每餐飯後吃一點點黑巧克力，小時候我沒怎麼特別注意她這個習慣，現在回想起來，伯母始終維持一個很好的狀態，她有兩個小孩、是一家公司的CEO，她身材一直維持得很好、沒有發胖，年長之後皮膚也保持得不錯，精神狀況、家庭、事業等各方面都很好。

我從來沒有問過這位伯母飯後吃巧克力的習慣是否有特別的目的，直到我因為創業

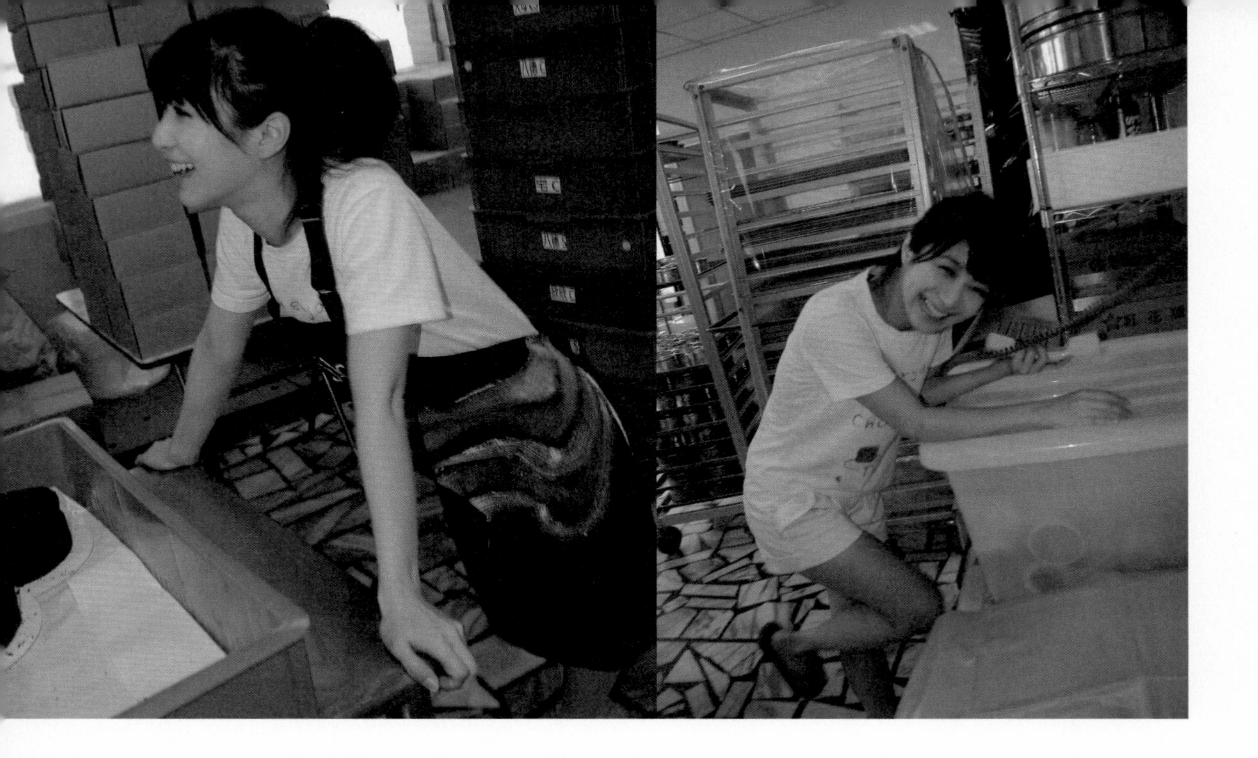

開始研究巧克力，才發現有研究報告顯示，大約有80%的企業經理人或是職場上的領導階層，每天都會有吃一點巧克力的習慣，它不一定是巧克力的形態，可能是巧克力蛋糕、冰淇淋、可可飲品等，而伯母吃巧克力的習慣就印證了這個說法。

英國的神經心理認知學家路易斯根據實驗結果曾經說過，人在巧克力在嘴裡溶化的那一刻，心臟頻率和大腦波動都會產生劇烈反應，這比接吻還令人感到刺激。也有生理學家認為，品嚐巧克力後大腦的反應，和對愛情的反應是相同的。15和16世紀的西方國家將巧克力視為刺激情慾的食物，這也是為什麼彌撒之前教堂內禁食巧克力的原因。

這也許就是長久以來人們把愛情和巧克力連結在一起的原因。有趣的是，到目前為止，我的交往對象不常會把巧克力當作禮物送給我，有些是不吃巧克力，有些是不像我這麼愛巧克力，所以在我記憶中，還沒有非常難忘的與巧克力有關的戀愛感覺。

事實上，巧克力對我而言，一直是很個人的東西。當我獨自一人的時候，尤其是傷心難過、夜晚哭泣的時候，在愛情上沒有得到滿足、寂寞、分手的時候，我會一個人暴飲暴食巧克力，快樂的時候我也會放縱的吃巧克力。所以我一直覺得，巧克力的世界是我一個人的世界，在這裡我享有寵愛自己、私人的空間。

From Showbiz to Chocbiz

從演藝圈唱到巧克力世界

我是一個從小就熱愛音樂的人，我五歲就開始學習古典鋼琴，學習了十多年，我發現在古典樂裡，我找不到可以完全表達自己的領域，在十六歲那年，我放棄了最高級鋼琴檢定考的文憑，就此與古典音樂分道揚鑣。我開始自己創作音樂，和志同道合的朋友組團，沈浸在搖滾樂之中。

十八歲的我，因為一次的雜誌封面模特兒徵選會，誤打誤撞進了演藝圈。考完大學那年，我抱著好玩的心情，參加了新加坡一本年輕男女愛看的雜誌封面女孩選拔比賽，意外的得了首獎；就這樣，我開始兼職做平面模特兒，當時只是為了暑假賺點外快，後來在一次偶然的機會下，我和在當時新加坡非常紅的歌手阿牛拍了廣告，也在他的歌〈對面的女孩看過來〉中唱了一句歌詞，沒想到就因此被唱片公司（Sony BMG）發掘。於是，我實現了自己的第一個夢想：當歌手。

那時我十九歲，以創作型歌手的身份，「音樂甜心」的封號出道，發行我人生中的第一張專輯，儘管我從小就喜愛音樂，但是一下子要把作品攤在眾人面前還是會感到害怕，因為不曉得大眾是否能夠接受我的音樂。很幸運的，我的第一張唱片獲得了不錯的迴響，銷售狀況也蠻理想，賣了十萬多張，這讓我知名度大幅提升，也增加了許多演藝機會，我的身份不再只是歌手，我開始

拍攝廣告、開始演出偶像劇。嘗試各種不同類型的媒體表演，讓我學習到更多的經驗，也對演藝圈的生態環境有更深一層的瞭解，更重要的是，我也交到很多要好的朋友。這些都是我一輩子的財富。

在這些過程對我而言，多半是辛苦的，因為我是一個熱愛自由的射手座，當我的生活、我的造型裝扮都需要配合公司和市場的喜好和需求時，漸漸地，我開始感到不那麼快樂了。可能很多人看到我的作品、我的演出，會說：「湘怡妳好棒！妳好厲害！」但也有人會說：「湘怡妳講話好做作！不要一直裝可愛！」不論是哪一方的聲音，我都聽得很清楚，也明白在很多人表達支持我的時候，也有很多人同時間是在給我批評和指教的。一個人本來就不會是萬能的，當一個藝人，更不可能讓「每一個」人都喜歡你。但更重要的是，在我心中常常會有一個疑問：這真的是我想要的嗎？

發行完第三張專輯時，因為經紀約的問題，我的演藝生涯面臨了危機，當時也正值我大學畢業之際，我開始認真思考未來，演藝圈的工作是不是真的可以繼續做下去？是不是可以使我有足夠的能力讓父母過更好的生活？想了很久，找到的答案是──未知。

當時的我，只一心希望拿回我自己人生的自主權；我很清楚演藝圈的變數很多，很多事情也往往不是自己所能控制的，而我，實在無法將自己的未來交給別人處置，那種感覺很不踏實，也很虛幻。

老實說，我也想過去公司行號上班，當一個朝九晚五的上班族。但是，被綁在辦公桌前的生活，光是想像的，就令我感到窒息。再加上我是一個充滿想法，喜歡揮灑創意的人，更不希望只是單方面接受老闆的命令和指揮，受人控制。

想了很久，我發現，「創業」似乎是我唯一的道路了，這是一個可以將我的創意直接落實執行的方式，也就是建立一個屬於我自己的事業。但是要做哪一個行業呢？這是接下來的首要問題。

我用List的方式寫下所有我感興趣的東西，出現在清單上的包括化妝品和保養品、服飾、餐廳、巧克力。我換不同的問題問自己，發現巧克力和甜點出現的頻率很高。

我回想起有一次在朋友的生日派對上，吃到一個驚為天人的巧克力蛋糕後，讓我好興奮，因為我在台灣的這些日子，一直沒有吃到我覺得真的很好吃、很好吃的巧克力蛋糕。而這個巧克力蛋糕不但喚起我從小就愛吃巧克力蛋糕的兒時回憶，也使我興起了開巧克力蛋糕專賣店的想法。

說來可能也很巧，我從小每年生日都要和巧克力蛋糕一起渡過，長大後也喜歡偶爾自己動手作些小蛋糕、小點心給身邊的親朋好友品嚐，看見大家吃得開心，「好吃」全寫在臉上，這樣的感覺，真的很幸福。

於是，我沒考慮餅乾或糖果之類的甜點，便直覺地決定，我要開的是巧克力蛋糕店，把我認為最美味的巧克力蛋糕，分送到每一個人的口中，品嚐這一種溫暖的滋味。

Action is the antidote to despair

掌握時機行動，說服家人認同

決定創業後，就像是決定一件重大的事。我的方式是問人、問神、問書！我開始去請教身邊許多的朋友和擁有自己事業的長輩；然後也總是悉心禱告，和神對話；最重要的是，我前往書店，去找尋我事業上所需要的「聖經們」。

也許是上帝在給暗示，也許是吸引力法則，每當我心中有疑問時，只要走進書店，第一眼看見的書，就是我當時最需要的！

當時，我在一本管理書上讀到，有創業念頭的人，有70%最後放棄創業，是因為他們猶豫太久。想做一件事如果猶豫太久，就很可能錯過時機。有時候錯過的剛好是市場最適合的時機，反而你怕產品不夠好，自己還沒準備好，時機就這麼過了，常常因為猶豫不決或害怕就錯過了最好的timing。

人剛開始決定要做一件事的時候，一定會非常有熱忱、衝得很快。時間拖得越久，熱情就會逐漸消磨。在決定創業的時候，我只是一心一意往前看，我沒有想太多，也沒有害怕太多。我只想馬上著手進行，不會想等百分之百規劃完整再開始，因為我覺得永遠不會有規劃完整的一天，在做的過程中，我們永遠會發現有更好的作法，總是會有進步的空間。人不能一直活在後悔和一直停滯無法前進的狀況中，我是那種一邊做一邊進步的人。

Elle & Vire
Whip up your talent!
Crème Excellence
Excellence Whipping Cream
Everyday
is a
chocolateday

其實，當時我還有戲約、唱片約、主持機會，但是我當下就暫停了演藝圈的工作。因為我是那種一心不能二用的人，如果一邊開車一邊講電話就很容易會發生車禍，所以我一直深信，如果決定要做這件事，就要投入101%的心力去做。

我也一直想走出新加坡，看看外面的世界，另一方面，我擔心如果簽了戲約，可能就要不停拍片或進行其他演藝工作了，所以，決定創業後，我就跟經紀人解約了。

我在台灣建築我的第二個夢想，我希望先把巧克力蛋糕店經營好，未來行有餘力，再規劃音樂與戲劇表演的工作。開店就像生小孩一樣，要考慮的事情好多，還要親力親為地執行。我想自己經驗不足一定還有需要加強的地方，但是能在一個我不是那麼熟悉的領域創業，這對我是一個很寶貴的經驗。

而我這樣看似有些瘋狂的決定，讓身邊的親朋好友嚇了一跳，更一面倒地反對我創業，大家都覺得我太「冒險」了。但是我想起我所崇拜的偶像Oprah Winfrey曾說：「I believe that one of life's greatest risks is never daring to risk.」因此，在我的人生之中，擁抱冒險是必要的。

跟多數擁有寶貝女兒的媽媽一樣，我媽對我的期待相當簡單：好好地認真唸完書，找到一個穩定、朝九晚五的工作，然後有一個不錯的歸宿，這樣就很棒了！她常對我說：「媽媽對妳的要求不高。」她只希望我平安穩當地像一般的女生一樣過生活。但我都會頑皮地說：「妳怎麼可以對我要求不高？我對自己要求很高，妳應該要對我要求高一點。」事實上，我也總是對自己有新的期許，認為好，還要更好，不輕易妥協於安逸，也不會向平凡屈服。

媽媽的個性比較保守，從我以前走演藝圈這一條路的時候，就一直很擔心我，她希望我還是乖乖把書唸完，作一個比較單純的學生就好。但我很清楚自己當下是真的認真看待這一個機會，即使知道要同時兼顧課業和工作是一件不容易的事，我還是仍然執意要簽約，原因是：我不希望人生中有什麼遺憾。我記得，我告訴媽媽我簽約的那一天，她，哭了。

父母親總是會為孩子操心的，可能自從我出生那一刻起，他們便認定我是心肝，是襁褓中小寶貝，不管是一歲的我，或是現在快要三十歲的我，在他們心中，我永遠是他們永遠的孩子。不過，我深信他們給予我一對最珍貴的隱形翅膀，我恣意遨翔，不是因為我愛逞強，是因為有他們的愛支撐著，即使逆風而飛，也不害怕，也不膽怯。

許多人是照著頭腦、按理性做事情，我一直都覺得我是照著直覺在想事情。我的性格中大概有80%屬於感性，20%屬於理性。我認為有些事情只要隨著直覺、跟著心走，誠實、真誠地面對自己，也許不是經過精密而詳盡的評估和計算，但我相信，憑著我對夢想的執著和全力以赴，最終總會走到一處我想望的終點。像是當初我決定要進入演藝圈，好幾度遭遇挫折沮喪萬分，但我也都沒有放棄，一直很勇敢而努力地往前走，這是我所選擇的，也是我該承擔的。

我告訴媽媽，我想趁年輕的時候去做我想做的事情，而且我相信只要我努力、用心、認真投入，我一定可以做得讓爸媽覺得非常驕傲，就這樣，我說服了媽媽讓我創業。這一次，她沒有哭，放手讓我去做了！事實上，與其說媽媽被說服了，倒不如說，就算她不支持我也沒輒，因為她不支持我，我還是會去做。但作子女的，我至少盡了告知的義務，就像當初我決定做歌手時一樣。

在家裡，獅子座的媽媽是老大，水瓶座的爸爸對什麼事都no problem，都交給媽媽決定；媽媽點頭了，爸爸自然也是同意，給予支持。就這樣，創業這件事，我算是獲得家人的認同了。另外，我也說服高中死黨彤彤來幫忙我，彤彤原本是教小朋友的電腦老師，我們都酷愛甜點，她禁不住我的煽動，也決定和我一起圓夢。也許，就像我在書上所讀的：最大的冒險旅程，開始於跨出實現夢想的第一步！而我也開始了我的巧克力歷險記！

エレベータ
Roots

Creating an extraordinary cake

我要我的巧克力蛋糕與眾不同

為了要找出我的蛋糕獨特味道，我和伙伴在3個月內吃遍了全台灣所有的巧克力蛋糕。透過網路、朋友推薦，只要這蛋糕有一點巧克力成份，只要有人說這蛋糕好吃，我們就會試。

我們吃過慕斯、海綿、戚風、奶油等各種巧克力蛋糕，吃過的感覺和心得都會記錄下來，如此大量的吃，除了知道哪一種耐吃之外，還可以藉此知道自己喜歡哪些、不喜歡哪些。我和創業的伙伴還曾一起到日本的東京和大阪取經，吃過各種大大小小不同品牌的巧克力和巧克力蛋糕，就是要找出，究竟自己想要的巧克力蛋糕是什麼樣子！又是什麼口味！

這一段期間，我估計我們總共吃掉了560多個蛋糕，平均下來，一天要吃8個蛋糕，幾乎是三餐都吃蛋糕還有剩！而且，我們是很認真地在「吃」蛋糕，可不只是淺嚐而已！在這段「吃蛋糕」的日子裡，我還一度胖到快50分斤，真的很恐怖！

然而，巧克力的種類也有很多種，究竟要選擇哪一種呢？我的童年也是從金幣、金元寶巧克力開始，我也愛吃一般超市裡會賣的m&m's、Kinder-Bueno（健達）、Kit Kat這些巧克力，另外，像是灑在蛋糕上的巧克力米我也不會放過任何一種，還有在新加坡夜市裡的Easter eggs巧克力也總是令我回味無窮。

　　小時候的我其實不太懂得分辨什麼樣是好的巧克力味道，只是沈浸在巧克力帶給我的快樂感覺。大學的時候，我才接觸到所謂的黑巧克力，驚覺到，原來巧克力原本的味道是這麼美妙！

　　所以當我創業的時候，我逐步研究巧克力的種類、成分、益處，於是我就像喜愛咖啡的人會酷愛黑咖啡一樣，我也開始愛上了黑巧克力的美和純粹。所以，我就決定要以「黑巧克力蛋糕」為主要商品！

Everyday
is a

（1）產品定位

選定巧克力蛋糕作為我的創業路線後，再來就是確定產品的性格。我認為我的產品所擁有的性格、味道要符合我自己的個性和我對蛋糕的期待。因為我相信，蛋糕要代表設計者、創造者的個性以及他所要訴說的故事，如此，創造出來的產品才會有感染力，品牌才會有靈魂，這點非常重要。

蛋糕和巧克力好不好吃，還是回歸到吃下去的第一口，會不會讓你有慾望再吃第二口。巧克力的主要產地是法國、比利時、瑞士、美國，而我們BAC採用的是味道較為順口、有碳焙後咖啡味，也是我個人較為偏好的比利時巧克力。

因為我是在一個媽媽每天會做飯的家庭裡成長，從小到大我不會有一個星期吃不到媽媽煮的飯，這對我而言是很大的安全感。在成長過程中，外面的東西再好吃，都不會比媽媽做的東西好吃。Homemade的巧克力蛋糕會讓我聯想到媽媽做的菜，那種好吃的安全感，永遠不會吃膩。

因此，經過討論，我們一致希望巧克力蛋糕要是以黑巧克力為主要成分，而且塗抹著香濃的黑色巧克力，呈現homemade（手工自製）的感覺，傳達出一種最原始的味道，一種最倚賴的依戀。

除了巧克力的香濃醇度是關鍵之外，還要看蛋糕體細不細、是否綿密，如果蛋糕體中間的洞很大，或是烘焙之後中間塌下去，就可能是：第一、蛋白打得太久或不夠久，理想的狀況是蛋白打到stiff peaks（硬性發泡）；第二，是在攪和麵糊的過程攪拌不均，或攪和太久；第三，是爐溫調整失當，在製作過程中並沒有維持在某一種溫度。

經過不斷地嘗試，並且用不同種類的蛋糕去try。我們發現，不同的製造過程、不同的製造工具都會有很大的影響，而製作蛋糕的每一個步驟都是不能有些許的停擺，即便打蛋的每一秒鐘，都必須維持在同樣的速度；否則，烤出來的蛋糕都會受到影響。

我們應該創造出擁有一種自在、隨性靈魂的蛋糕。吃它的人可以很豪邁、不需要

擔心破壞它過度雕琢的外形，所以我把蛋糕做成像大漢堡一樣的形狀，內在是紮實的蛋糕，然後以手工隨性塗佈的方式將巧克力一層又一層地抹在蛋糕外層，自然流露出手工風味，並且在過程中加入大量的愛與熱情。

這樣的蛋糕沒有多餘的裝飾、沒有媚俗的香甜，加上巧克力不同層次的豐富口感，有別於一般巧克力蛋糕吃起來粉粉澀澀的感覺，它的口感格外綿密，每一口都可以品嚐到濃稠的巧克力香醇。

（2）系列設定

而巧克力蛋糕的品項系列，則依據巧克力含量以及它帶給我的興奮與愉悅感，將之區分為「A Tease」、「A Rush」和「An OverKill」三個系列做為主要的產品基調。

「A Tease」系列的蛋糕巧克力含量較少，主要是希望藉由這一點點卻可以讓你回味無窮的巧克力成分，勾動起你的熱情，挑起你內在對巧克力蠢蠢欲動的渴望。「指尖的碰觸，唇邊的蠢蠢欲動……我迫不及待下次的見面。」《羅密歐和茱麗葉》電影中，男、女主角第一次見面的場景，兩人繞著水缸相互對望，儘管他們沒有碰觸、只有眼神交會，但是兩人深深為對方所吸引的感覺，就是如此吧！

這個系列有「起士巧克力蛋糕」和甜點「甜心草莓禮」，其中起士巧克力蛋糕採用來自澳大利亞的起士，疊上鬆軟的戚風蛋糕，蛋糕上淋上手工製作巧克力碎片，輕巧地引你進入巧克力的世界。

「A Rush」系列的蛋糕，在整個蛋糕體的比例來說，巧克力佔54%以上，「小鹿亂撞的，我是怎麼了？理智沒了，卻有一種無法形容的雀躍。」高巧克力含量讓每一口都有雀躍不已的興奮，搭配芒果百香果、黑嘉侖草莓、Baileys櫻桃口味的蛋糕，都是著眼於它們酸酸甜甜的滋味和令人愉快的顏色。

「An OverKill」系列的蛋糕中，巧克力含量最高，超過70%，「我無法控制自己的思緒……我無法不想你……你佔據了我的世界。」此款蛋糕適合重口味的巧克力狂熱份子。我們的經典巧克力蛋糕就屬於這個系列，其他還有最早推出的基本款「焦糖香蕉巧克力蛋糕」、三層巧克力醬和榛果脆片的「榛果巧克力蛋糕」，以及為了慶祝Black As Chocolate（BAC）成立二週年所推出的「巧克力冰淇淋蛋糕」。

（3）品牌定位與定價策略

從一開始籌備自己的蛋糕店，我們就設定要走精品化、精緻化的路線。我們也事先對市場做過一些調查，有哪些同類型的產品，又有如何的市場區隔，但是我們一定要走自己的藍海，要想出如何讓自己的品牌具有獨特性而不容易被取代，也不要流於與其他人的價格競爭。

經營一個品牌本來就是長期性的，我希望一個品牌能夠生存下來；生存之後，才能有競爭且有機會有其他的發揮。我的想法是，為什麼蛋糕不能結合精品店的概念，它可以是個禮品店，不需要是一個傳統的蛋糕店，它甚至根本可以很不像蛋糕店，這樣的構想反而會激發出一些火花。在過程我們思考的是如何把創意融入產品之中。

我們訴求的對象是有消費能力的女性上班族，上班族重視品味又願意買喜歡的東西犒賞自己，所以我們可以把重點放在產品品質的要求和品牌氛圍的營造，我們用創意滿足她們「隨時隨地」能擁有幸福的渴望和溫暖的慰藉。

既然定位為蛋糕界的精品，就算原物料價格上漲、經濟不景氣，我們在食材上仍然堅持使用最好的，例如我們使用的比利時Barry Callebaut頂級巧克力、台灣的香蕉和芒果、加州的草莓和法國的覆盆子，別家的甜點師傅都覺得不可思議，因為這樣的成本是別人的三倍。

此外，我們更重視食品的衛生以及安全，從材料的保存、選用到製程的種種環節和控管流程，這樣才能讓顧客覺得買得安心而且物有所值。所以我們的6吋蛋糕定價是800～900元，與一般飯店的蛋糕價位並沒有太大差異。

（4）成立副牌

除了「BAC」，我們現在還創立了品牌副牌「Black Designs」，未來計劃繼續開發企業訂單，例如：提供大型記者會的下午茶點，並且拓展結婚、彌月、名人設計造型蛋糕的市場，以及取代月餅，成為中秋送禮首選等各項方案。希望藉此維持品牌形象、拓展客源。

像我們這次名人設計造型蛋糕的首款先發是與高以翔合作。高以翔擁有時尚的品味和帥氣的外型，是許多熟女喜愛的對象，剛好和我們主打的目標客群有所重疊，所以邀請他進行此次的合作案。

過程中我意外發現，高以翔不僅對蛋糕很有想法，更有著不為人知的藝術天份，歷經多次的開會和討論，這款限量蛋糕在2009年七夕情人節前推出，他也受邀擔任一日店長為活動作宣傳！

這款造型蛋糕是一款心型蛋糕，概念是運用白巧克力的蛋糕主體及獨家調配的奶油包裹新鮮水果，以表達愛戀情懷的甜酸滋味。為了讓蛋糕更具有時尚感，高以翔特別在蛋糕體的邊緣加上立體的維多利亞雕花線條，蛋糕面上還有高以翔的親筆簽名，他個人也希望透過這一款蛋糕來表達他對粉絲們滿滿的愛與祝福。

名人造型蛋糕的構想應該是台灣首開先例，這次與高以翔合作之後，未來我們也會再推出其他各種客製化的造型蛋糕。

Creating rules!

創新至上：口味、套裝、客製化

在規劃一個公司的發展，當然是以永續經營為目標，這對我來說是一場長久的仗，其中品質控管以及研發能力是很重要的，值得我們去投資。因為我很清楚公司的核心在於創意。

一直以來，我不斷暢言：巧克力是百變的！如果不能親自證實這件事，或者是公司經營了10年，卻不曾推陳出新，一直停留在那一成不變的幾種蛋糕，那不就代表自己所說的不讓人信服？甚至暗示著大家：巧克力就是如此這般而已，它沒有給我太多靈感，這樣可就糟了！

因此，我一直都覺得我要去很完整的詮釋巧克力的特質，它給我很多靈感，我覺得應該要把它發揮出來，並且透過品牌去呈現出來！我認為，巧克力的本質就是充滿期待與驚喜的！

在公司裡，什麼樣誇張的點子都可以分享，我相信好的idea往往來自於瘋狂的想法。我喜愛的喜劇演員Robin Williams曾說過：「You're only given a little spark of madness. You mustn't lose it.」因此，我總喜歡天馬行空的創意點子，從BAC的蛋糕醬料塗抹方式、外包裝盒、包裝袋、刀叉設計、甚至是緞帶顏色和尺寸，都一定做到賞心悅目，最好是能夠「非凡、前衛、表現個性」。

Born to Love Chocolate
Born to Love Chocolate
BLACK
BLACK CHOCOLATE
Happy Valentine's Day
BLACK
Like the classic movies
that engage you in a timeless pursuit...
Like a black and white photo,
stripped of color,
but still strikingly alive.
AS CHOCOLATE
brings you back to
the start of black's evolution,
where chocolate didn't need
any fancy decorations,
WHO ARE YOU IN LOVE WITH ?

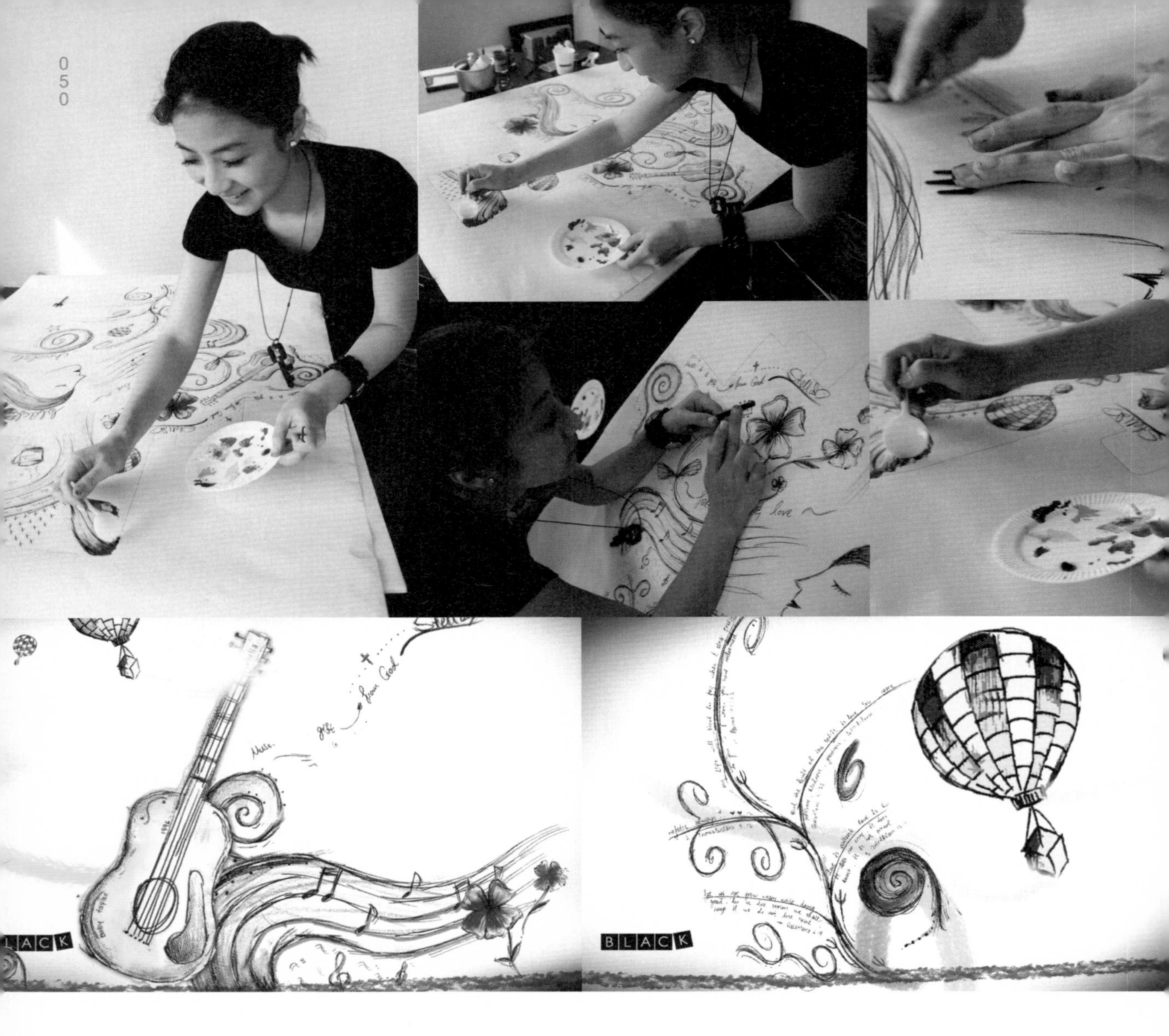

我小時候很喜歡不斷改變房間的布置和陳列，媽媽曾經形容我是「1個鐘頭瘋3次」，我一直對美很有主見。巧克力、繪畫、音樂都是我喜歡的東西，我出過唱片、實現了我音樂和歌唱的夢想，現在我想把我喜歡的東西放在產品的包裝上以及店面的設計上，用巧克力畫畫、用巧克力作曲。

除了幾款常設的產品之外，BAC隨時在研發新產品以及各式禮盒的組合方案，力求創新化以及多樣化。我們嘗試用不同的食材與巧克搭配，像是我們系列蛋糕中價格最高的一款Baileys櫻桃巧克力蛋糕，是用橘子酒釀的櫻桃與Baileys奶酒調製成的醬料所做的，蛋糕上塗上一抹金泊點綴，外觀低調但奢華，綿密而甜中帶苦的比利時巧克力，包覆著醇厚細緻，櫻桃和酒的香氣內練地散發著，營造它尊貴的氣息。

當然，在研發過程中我們也有一些失敗的例子。像是我們試過巧克力加茴香、巧克力加哈密瓜、巧克力加榴槤，這些組合味道都不如預期的好。不過，我們總是樂於嘗試，不會為自己設限。

另外，還有在一週年慶的時候，我們推出了一款黑金咖啡巧克力，結合了我的兩個最愛──中間夾層的咖啡和巧克力，這一款蛋糕在蛋糕上方有用巧克力畫出的編號，金粉刷成的，盒底有限量商品的編號，顧客在網路上預定時不會事先知道自己拿到的編號，一推出很快就被訂購一空。

至於許多女生在享受巧克力蛋糕的同時，擔心自己是否會一起吃進太多卡路里的問題，我們也都一併解決囉！因為我們的巧克力蛋糕巧克力的純度都很高，都是使用70～100%的巧克力使用，相對糖份就不會高，而且太甜的蛋糕並不耐吃，更重要的是不添加任何的防腐劑和色素，吃起來很安全也很健康。

在產品套裝組合的類型上，我們也不斷的設計新方案，例如BAC下一個計劃是推出「travel pack」，也就是顧客可以在飛機上訂蛋糕，然後我們可以直接宅配給你台灣的朋友。或者是，一個組合裡有6個或9個不同口味的小蛋糕，加上4個大蛋糕，有點像化妝品組合包那樣構想。曾有香港和日本的客人到店裡買蛋糕回國，要維持蛋糕完好並不容易，有了這項方案，可讓國外客戶在飛機上選購蛋糕，蛋糕可耐4個小時的飛機里程，藉此以增加國外客戶購買蛋糕的便利性和安全性。

以公司長久經營的眼光來看，我們會把設計的概念和成品在結案後就建檔起來，因為畢竟這個品牌還是一個年輕的品牌，3年也只有3次的母親節、聖誕節可以做實驗，統計數字的樣本數字沒辦法拉到完整，所以我們也還需要時間來建立經驗，從經驗中去觀察，每次推出的新產品新構想，會在什麼樣的時機或搭配什麼樣的宣傳活動，會有什麼效果，這些我們都在結案的時候建檔記錄下來，提供未來參考。

Attention to detail!

用心包裝，販售一種巧克力感動

黑與白。一個是偉大的甜點食材──巧克力顏色，一個是神聖與純潔的代表色，對我而言，它們的結合是必然的，更何況我最愛的就是黑巧克力，這是我們一開始發想品牌名稱和包裝色調的由來。

對我而言，巧克力是很絕對的，你對它的愛，只有愛或不愛，而且是跨越時間的，經典的，歷久不衰的。品牌的名字也是，Black As Chocolate，是因為「黑」這個顏色和巧克力有很多特質是一樣的。黑色是所有顏色的王，它可以掩蓋所有其他顏色，富有神祕感，跟巧克力的特質一樣。巧克力如果存在某一個甜點當中，它的味道可以把其他東西蓋掉，它是最powerful的。如果一道甜點中有含巧克力，它的名稱就絕對會有巧克力，例如草莓巧克力、榛果巧克力。

當我們走到一週年之後，除了黑色和白色，我們的產品包裝和店面設計開始有色彩，從紙盒設計、緞帶裝飾等都開始變得多彩多姿，各種形式的包裝都出現了，也許是一首歌，也許是一幅畫，也許是一個巨型的象徵；這些由黑、白延伸出來的多元樣貌、多種色彩，只為了傳達出我對巧克力的熱愛，並且告訴大眾，巧克力的本質是：千變萬化且不拘泥於形式的。

雖然，天馬行空的創意也許不容易實踐，但是我不會因為難以落實就停下腳步。

就像2007年聖誕節推出的「聖蛋」禮盒，以「蛋」為主要的創意發想，在耶誕節的夜晚，也許是三五好友相聚，也許是和最親愛的家人一起渡過，打開一個外觀有如一顆「蛋」的蛋糕盒，裡面就可以看到像是要互相取暖的四個3.5吋小蛋糕「聚」在一起。既傳達出溫馨之感，份量剛好也很經濟實惠。

這個大家一同討論出的絕佳點子，卻也遇上了困境，製作蛋糕盒的廠商，一看到我們這個創意無限的「雞蛋造型」蛋糕盒，都頻頻搖頭，覺得這個東西實在很難完成，甚至覺得我們是在自找麻煩。廠商會明褒暗貶地說，你們年輕人想法還真不同。不過為了實踐「狂想」，我會一同參與，並共同解決問題，做出最後成品，畢竟，光是想像著在耶誕節捧著一個雞蛋上街，就覺得熱血沸騰。久而久之，大家看見我們真的把創意「落實」了，漸漸的，廠商對我們的「瘋狂」也習以為常。

產品的包裝也是提供顧客整體經驗的一環，BAC的產品不只在蛋糕包裝上別出心裁，用來裝盛冰淇淋的小紙杯我們也精心設計。現在就連吃巧克力蛋糕的餐具，我們也特別精心為客戶準備了！它們分別是天使湯匙和惡魔叉。

購買BAC巧克力蛋糕，我們都會附上天使湯匙或惡魔叉。起初，我想要鼓勵大家用「手」吃巧克力，不使用任何的餐具，這樣吃起來才會痛快、豪邁、會黏、會髒沒關係，這樣可以讓你回味童年時吃巧克力蛋糕的快樂。後來我又有另外的想法，如果有一套吃巧克力蛋糕的專屬叉子和湯匙，吃蛋糕應該會很可愛，產品也比較有整體性。

後來就設計了天使湯匙和惡魔叉，還分別給了它們一個外包裝，賦予有趣的文案，大家一起吃蛋糕的時候，還可以研究包裝上的文案，也會多一點歡笑。這組蛋糕小餐具的設計概念是：天使湯匙是讓你大口挖掘用的，惡魔叉子是給你小口品嚐的。它們其也代表一種人在想吃甜點的一種掙扎。

巧克力就像天使與魔鬼的化身，它的濃醇香甜就像天使帶來的柔軟愉悅，它的純粹就像天使的無邪，吸引你一步一步接近，而它足以融化週遭一切的熱情，還有包藏禍心的熱情，是讓你陷入巧克力愛戀而無法自拔的惡魔。

另外，我們也以「天使與惡魔」的概念為基礎宣傳BAC的品牌和產品，這一系列的宣傳內容包括由我以天使與惡魔的造型拍攝宣傳照，另外也拍攝產品的靜物宣傳照。其中天使造型的概念照曾做成看板懸掛在西門町圓環，那也是我來台灣第一次發行專輯時簽名會舉辦的地點。另外，這一系列的影像我們也做成明信片，提供顧客做為收藏。

重犯一號：惡魔叉
罪行：巧克力重癮
告解：
一天吃3.79顆巧克力蛋糕
一年吃掉1368顆巧克力蛋糕
懺悔：
我再也不會偷吃朋友的巧克力蛋糕了
我再也不會跟我弟弟搶巧克力蛋糕了
我每天再也不會吃超過一顆巧克力蛋糕了

重犯二號：天使湯匙
罪行：詐欺
告解：
一天吃掉6.26顆巧克力蛋糕
一年吃掉2285顆巧克力蛋糕
懺悔：
我不再說謊
我不再冒用天使的名字行騙
我不再偽裝成湯匙吃更多巧克力蛋糕

此外，因為將BAC定位在精品，所以我們覺得巧克力也可以很有時尚感，可以很「vogue」，例如在2009年情人節我們推出的禮盒，就是結合珠寶、時尚與真誠愛情的概念設計。我們一改經典的黑與白，大膽地使用透明的盒子當蛋糕盒，一方面呈現珠寶晶瑩剔透的光亮感，另一方面也隱含希望每一個人都能用最真的心擁抱情人的意味，希望大家都能創造屬於自己的完美愛情。

Location ,location ,location

擴點的利基，串起都會生活圈

老實說，BAC的業績也並不總是這麼好，我們也曾經有過一天只賣掉8個蛋糕，如果以成本考量，至少要10到15個吧，如果有4家店，每家每天賣掉4個那還過得去，可是當時只有一家店，我就有點冒冷汗，甚至還連續一兩天都這樣子。

蛋糕店開幕第二個月之後開始比較有來客。開始就變得做蛋糕來不及供應的狀況。但是就算是來不及，我們也不會犧牲掉品質。BAC現在一天的營業額大約都是一家店40個左右的蛋糕，到週末時再高一倍。我們業績一直在成長，例如2009年母親節我們台中一家店一天就賣出300多個蛋糕，父親節也有接近290多個的量，甚至曾經創下母親節當日賣出13,200個蛋糕的紀錄。對於這樣的成績，我們始終心存感激！我在2006年2月22日創立第一家巧克力蛋糕店，為了創業，我把出唱片時存的所有積蓄大約300萬元投入開店，加上合夥人彤彤的100萬元，我們的創業資金是400萬元。那時的創業資金都是靠我和合夥人自己一點一滴所賺，完全是白手起家。

最早店面選在八德路，因為一開始資金不夠充裕，所以店面設置的位置是在安靜的小巷之中，外觀並不起眼。店面約60坪，月租8萬多元，前面是賣場，後面則做為廚房和倉庫。當時我們只有一架大型烤箱，蛋糕製作和包裝就在八德店的後場完成。什麼情

況下我們會決定要再擴點呢？其實3年來，BAC擴點的速度可說是相當快。但是我們並非見好心就大。當八德店損益打平的時候，我就決定要再開設第二家店，當時是八德在2月22日成立後才3個月，我是等到9月才設了第二家天母店，我希望是等內部很多狀況穩定之後才考慮增加營業點。

直到第四家據點設立之後，開始感到生產線真的太小，其實我們的生產線在此之前就一直處於工作量飽和的狀態，每到旺季，整個生產線都是全速在衝刺。我自己心裡計劃的目標是要開10家分店，以我們的狀況看來，未來很有可能供不應求。決定開始著手規劃一個屬於自己的辦公室，於是才有內湖辦公室的成立。後來擴點到天母，店租是12萬元，1樓和地下1樓各30坪，加起來跟八德店空間大小差不多，地下1樓除了可以作為辦發表會的地方，也規畫出一部分當作倉庫放蛋糕包材。之後陸續開設了內湖、中山（欣欣大眾戲院旁）、台中勤美誠品、復興、信義誠品等分店和專櫃，2009年8月我們一路向南，進軍到高雄漢神，成立我們最南的據點。

從創業至今我們努力了3年，擁有8個分店！全部90多名的工作同仁，一起在築一個巧克力的事業國。能夠有這樣的狀況，我真的很高興，也很感謝一路上一起和我打拼過的每一位伙伴。

It's not just a chocolate cake shop

巧克力蛋糕店不只是巧克力蛋糕店

品牌形象的塑造，除了產品包裝設計之外，另一個重要的環節就是店面設計。走進BAC蛋糕店的門市，舉目所及是非黑即白的時尚極簡，因此常有人說BAC的門市像畫廊、像美髮沙龍。像是天母店剛開幕時，有些顧客一進門就問髮型設計師在哪裡。我覺得滿有趣的，因為到目前為止，我還沒有見過哪一家蛋糕店會如此大膽的裝潢，不是極黑，就是極白。

BAC的店面不提供桌椅，店頭的功能是零售以及預訂，我們一天大概是準備該店平均銷售量50%的現貨放在店頭，以供應零售需求，但是我們也教育客人盡可能先預訂，因為大多數的人會事先是知道自己何時有聚會、party等，如果到店頭買零售的蛋糕，可能會剛好買不到喜歡的口味。不過，也有人打趣地說，有些顧客這次訂不到，反而增強下次想要購買的慾望。

也常有人問起，為什麼BAC店內沒有蛋糕展示櫃？其實，我不擺蛋糕展示櫃的其中一個原因，是因為我們對自己品牌的定位不只是食物，而是一個有時尚風格的gift shop，所以店面不需要是傳統蛋糕店或是任何販售食物的店面陳設。

另一個原因是，蛋糕展示櫃經常需要開開關關，就無法維持一定溫度，這會影響蛋糕的新鮮度以及賞味品質。所以，在BAC店

chocolate cheese cake
CHOCOLATE
classic chocolate cake
70% chocolate

內你看不到實體蛋糕的展示，是透過menu選購你要的蛋糕，在結帳時店員會掀開蛋糕盒蓋給你確認。

儘管我對店面的空間設計有些想法，但是我也無法每一件事都自己來。幸運的是我有一個配合過的設計師朋友──Chi Chi，她非常懂我想要的感覺，我描述的一些想法和概念，她都有辦法幫我落實到裝潢和家具。這個太重要了，一個人不可能什麼都很在行，也不可能任何事都親力親為，所以找到對的團隊來協助我是很重要的事，而我也非常的幸運，我團隊的每一個人，都非常的優秀而且很用心。

我們的第一家蛋糕店──八德店，裝潢的概念是巧克力的盒子，所以一推開門像是打開巧克力盒子，有一個小小的路台，門口是四方形，想把你帶入巧克力盒子的感覺。第一眼看見的是：櫃臺，她是做成巧克力波浪的形狀！有些顧客說一不小心會錯過，但是店內別有洞天。波浪起伏的部分就像是巧克力醬的流動，當時店內唯一有色彩的部分是以巧克力玩耍作畫的照片。

還有天母店，一開始一直被誤認為是美髮沙龍店，後來我們就請顧客試吃產品，同時將BAC做一個完整的介紹，告訴他們我們是蛋糕店，漸漸地也做出口碑來。當初會選擇天母設點，是著眼於那裡的族群，我設想他們是比較會欣賞也比較容易認同BAC的。

有趣的是，天母店的顧客忠誠性很高，有很多日籍人士的妻子和日本客人光顧，像有媽媽會在等小孩下了課就帶著小孩一起過來買蛋糕。天母店的1樓和地下1樓各30坪左右，採光很好很漂亮，配合這個環境很放鬆的氣氛，這裡也是極簡風格，輕描淡寫的裝飾，開店之初我和彤彤會輪流去店裡的角落坐著，也沈浸在那種氣氛之中。地下樓部分可以做為倉庫存放包材等，也可以辦小型發表會或音樂會等。

我們的店面設計相信是頗具獨特性的，據我所知，BAC已經被某些國外媒體注意到，在日本和香港雜誌上都有出現過，因為在這裡我會遇到有些旅客，會拿著雜誌按圖索驥的找到店裡然後說，我們來參觀。

天母店成立之後就是中山門市了，它是設在欣欣大眾電影院旁。因為這是我們第一次把點設在電影院旁，所以店面設計也希望能融入電影院布幕的概念，這面黑色的布幕牆是挖空的，店員在店裡面走的時候，從外面看起來就有點像電影正在播放。而這些小地方巧妙的設計，會讓人再光臨的時候有時候驚嘆：咦！上次我怎麼沒有發現這裡，讓你每次都會有新發現。

內湖店的空間不大，大約19坪，裡面一棵櫻花樹是我們花了2萬元從陽明山帶來的。因為內湖這裡很多辦公室，顧客幾乎都是上班族，所以我希望讓上班族們中午休息或下班的時候，走進店裡來可以有平靜、舒適的感覺。店面則擺設著花草植物的布置，就像是一座美麗的巧克力花園。

我們在台北信義誠品和台中綠園道勤美誠品各有一個專櫃。信義誠品的櫃位設計就像一層層蛋糕一樣，以優美的曲線圈出專櫃的空間。台中門市的空間小，所以我們利用大片玻璃櫥窗的陳設，來呈現BAC的視覺效果。

當時櫥窗裡高高低低懸掛著製作蛋糕時必備的器具，像是打蛋器、篩網、漏斗、平底鍋、桿麵棍等，爆米花機裡的是我們的天使湯匙，上面放一頂主廚的高帽子，做出很有趣的畫面，好像是一個廚房似的！

然而，在2009年8月我們在高雄漢神百貨公司本館的地下3樓也增闢一櫃，我們用可愛的燈飾，營造成一個Photo Studio的感覺，裝潢上較摩登而現代，不過份華麗，相當優雅清新！

Staying afloat: crisis management & financial planning

守業的關鍵：危機處理和資金周轉

2007年的母親節，因為機器故障、訂單又多，是我們首次遇到的交不出貨的困境。當時發現交不出蛋糕的時候已是節日的前夕了，當時廚房還在八德路分店，公司已有兩個據點了。

那時狀況非常恐怖，我必須做危機處理，因此有1500個左右的蛋糕訂單其實是被我退掉的。我當時打電話把所有人召集回來，大家回到總部坐下來當客服人員，包括我自己，一一打電話給顧客道歉，告訴他們我們無法順利出貨，詢問他們是否能接受我們在幾天後幫他們安排蛋糕，蛋糕將免收運費，並且我們還會贈送蛋糕兌換券給顧客，所以算一算其實這個蛋糕變成是免費的。

可是，在這樣重大的節日造成這樣的失誤，幾乎是罪上加罪了！即使作出補償的動作，還是有很多客戶抱怨：「我節日都過了，還要這個蛋糕做什麼用！」當時我一邊坐著一邊接聽電話，在電話上我其實一直很想哭！

有些顧客一接電話就認出是我的聲音，有些是我告知對方是我黃湘怡本人，其實，我不會覺得被知道身份很尷尬或是不敢讓人家知道打電話的人是我，我只覺得這時候真誠的道歉是很基本、很必要的，畢竟是我們對不起客人，所以後面我們再做什麼補償我認為都是應該的，只要今天這個客人可以滿足、滿意、開心，我們做什麼都沒有關係。

有些客人在電話裡就真的很好、很友善，他會跟我說「湘怡妳加油，我希望明年還能訂妳的蛋糕」，我就感動得濕了眼眶。另外也有些客人會把我罵到臭頭，說「妳以為妳是藝人就了不起，妳以為藝人很大嗎？我就知道，你們一定會倒……」真的會遇到形形色色的人，但我也是設身處地的去感受客人的憤怒。

我們當時除了低聲下氣的道歉，補蛋糕、退錢、送兌換券之外，我還親自寫了一堆信、簽名、寄出去。那時候還只有兩個據點，我就開始覺得，糟了，我這一年的努力都要被這次事件全部被打壞了。那天晚上我真的是瀕臨崩潰，回家的路上，我的眼淚一直落下，哭沒完，甚至回家還繼續哭。

但是，老實說我只讓自己難過了兩天，因為我覺得不能一直沈浸在沮喪中、不能一下就被打敗，我必須振作起來。我記得我把我的團隊叫到一起，跟他們道歉，告訴他們這次事件是因為我跟我合夥人的領導能力不足，才導致這種情況，道完歉我們就90度鞠躬，跟大家保證我們一定會更努力，不會因為這次的錯誤就倒了。

這次的經驗是非常大的教訓，也使我們更加小心和努力。那時不但報章媒體都報導這些新聞，也有客人打去消基會抗議說黃湘怡的蛋糕店交不出蛋糕來，看到報導的時候真的很難過，但還是要去面對，要去正視這件事。我們能做的就是很有誠意的去道歉，沒有別的辦法，因為這是我們的錯。而因為我們展現出誠意，的確有些客人會回流， 然後我們重新再把品牌的信譽建立起來，重新再把工作團隊整合。不過，這次事件對我而言是很大的打擊，一度讓我開始懷疑自己有沒有辦法繼續經營。

當時我的伙伴彤彤也因為壓力過大而得了憂鬱症，因為她負責生產線，她認為是自己沒有溝通妥當，沒有把生產線的排程弄好，低估了狀況而導致，我們的蛋糕都是手工蛋糕，而我們都是人不是機器，不可能像生產線一樣的生產速度。加上當時其中一個烘爐又剛好故障，完全無法使用，也無法立刻修好，而我們東西又都是新鮮現做的，不可能等技師明、後天來修好才開始做。屋漏偏逢連夜雨，剛好在母親節發生這種事，其他蛋糕店都在烘蛋糕的狀況下，要借烘爐也不可能借得到，大家都在忙著出貨，不可能找得到人幫忙，那時對我的打擊真的很大。

通知退回訂單之後，我就有去生產線跟大家一起連夜努力趕工，那幾天幾乎沒什麼睡，1個星期有4天沒睡，就在廚房裡陪著大家做蛋糕，睏了就在枱子上面趴著休息個20分鐘就起來了，然後天亮了我就叫永和豆漿來請大家吃早餐，振奮一下。那時黑眼圈都快到下巴了，但還是要努力，那幾天我看起來非常落魄、狼狽，整個人非常髒，全身都是麵粉、巧克力，我們瘋狂的做蛋糕。我就跟我partner說，沒關係，不會來不及，我們兩個來做，就大家一起卯起來做。

這事件過了之後，我們開始思考重整還有搬遷的問題，人手的安排、工作的排程、標準作業程序之類的事，跟員工也產生了一些革命情感。我其實很感謝上帝讓我這麼年輕就去經歷這麼多事情，因為我總覺得我不能過得太舒服，否則我就會是一個沒有深度、沒有個性的人，因為個性都是這些東西磨出來的。

公司經營上，除了在員工進用方面非常重要之外，資金流動的控管和財務報表分析也很重要。有一次，記得是蛋糕店剛開始的時候，因為沒有經驗，資金流動變成有點負數的狀況，那時我跟我弟就很緊張，想說：「Oh！ my god！怎麼辦？」畢竟我們是小生意，不像大企業集團那樣有很深的口袋。

也因為那次的經驗，也讓我們更加重視財務報表準確度的問題，以及時間的掌控。所以之後我就每個月5日我就要看到預估的損益表，每個月10號我就要看到實際的數字。然後也是從那時候開始，我就開始建立內部財務的SOP，以及諸如此類的這些稽核、管理部分。我們都太年輕了，而且沒有經驗，經營、管理一間公司的社會責任實在太大了，你不再是只負責自己的範圍，你這家公司是要養活很多人和他們的家庭。我們一路走來體會很多。

我們相信，顧客對我們的支持，不光來自他對產品的喜好，各方面相關的服務也是我們有沒有辦法留住顧客的關鍵。所以，透過部落格行銷時，我們能從部落客身上會獲得一些寶貴的意見，而且有些盲點反而是部落客和顧客給我們的，有些是很好的建議，而且我們每天都會有一些發現。但是一旦有發現就要迅速行動，進行改善。另外，我們這裡也有客戶服務人員，隨機打電話詢問顧客的反應，然後每星期員工會交一個客服報告給我。我們定期看客服報表，才知道現在客人對我們的滿意度和可以改進的方向。

像是前一陣子我們就有點擔心，因為感覺回購率不太好。所以我們抽出大約100人的問卷樣本來打電話詢問，這一年沒有回購的原因。結果發現其中有56%的人是有回購的，只是他們在網路上又留了一次的宅配資料，但是之後是到店面去買。很久之前我們就想要整合這兩個資料庫，但還是有一定的難度，所以在資料庫匯整之前，就會出現這種顧客有回購，可是我們無法直接透過資料庫得知，容易自己嚇自己，因此仍然會進行電話訪問。

另外，我們固定每個月也會派30～50個非公司員工，匿名去測試各店的各方面服務，他們會幫忙測試店面整潔度、服務、蛋糕品質等部分。填完這些資料我們會送他們一盒店裡的冰淇淋感謝他們。這部分我就不能自己去做了，如果是我們自己去測試會不準，大家看到我們一定會很認真，呵呵。

也許其他廠商認為「樣子」做到就好了，但是BAC不是「做到就好」，而是要「做到完美」，我們隨時都提醒自己不能懈怠。因此，我們每天都有下午茶時間。主要的目的是內部的品質控管，只要蛋糕完成之後我們就要先品嚐，然後依照蛋糕體、巧克力醬等各類項目，評斷一下今天的口感，並且填好表格記錄，好做為下次改良的依據。

Marketing strategy

「轉虛為實」的行銷策略

BAC從八德路的店面發跡，一開始常有人反應店面外觀不明顯，經過要是不注意很容易就錯過。當時我就覺得，店面不起眼，我要發聲，把BAC大聲宣傳出去。

初期大部分歸功於媒體幫我做的宣傳，但是當歌手開蛋糕店的話題性淡下來的時候，我們必須找到自己的宣傳方法。從產品面來說，我們盡力要求高品質、高附加價值的商品，藉由口碑行銷把BAC的名號傳出去。從行銷面來說，我們拍攝宣傳照、在鬧區租用大型看板、印製明信片等，另外也規劃發表會、試吃會等活動。其中我覺得滿特別也值得一提的是部落格行銷，或者你也可以稱它為體驗行銷。

請來部落格的格主們，或者稱他們為部落客，我最原始的用意是希望從部落格這裡建立平民記者的文化，大家都可以、也有機會報導。一方面是因為在報社跑線的記者，往往見藝人都見慣了，也許不見得這麼珍惜你的訊息發表。但是部落客會珍惜他們跟你每次的碰面，他們對產品是有期待的，也會很用心的做報導，現在幾乎只要BAC有活動或新品上市，我們都會請部落客來。我很喜歡跟這些人分享公司的用心。

我們的試吃會是以記者會的格局來舉辦，希望藉此機會向大家介紹新產品，也希望部落格格主們可以運用他們的影響力把產品的名號打出去。

No
More!?

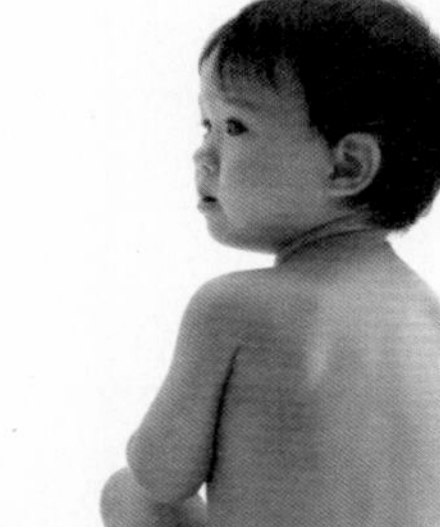

BLACK
AS
CHOCOLATE

Cake

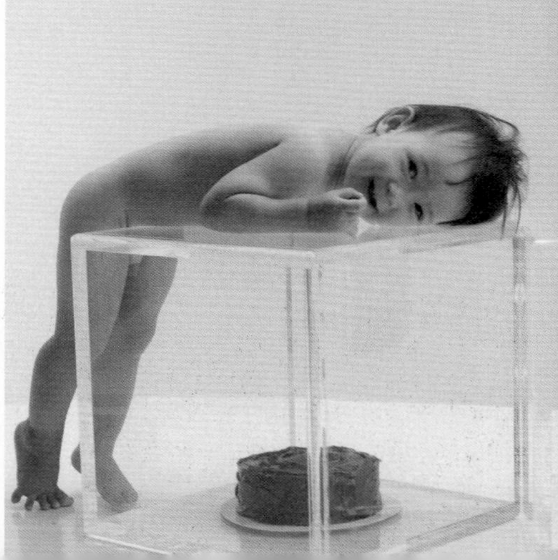

通常我們進行的方式是，為每一位參加者準備不同的產品，可能是不同品牌的同一種東西，也可能是BAC的不同種蛋糕。請部落客根據這些產品試吃的心得、感想用紙筆記錄下來，每吃一種新的就要喝水把味覺歸零。然後有獎徵答，之後再填寫問卷。

每位部落格主都好有創意，有些人會以聯想的圖案代替文字敘述，有些人會畫出一個情境來類比他試吃後對食物的感覺，有些人用精彩而優美的文字搭配小插圖做筆記，每一份筆記都是一個獨特的作品。

因為有比較，就算答錯、猜錯，也更容易分辨出BAC的特色和優點。人類對味道的記憶有時候時間一久就沒有這麼精準了，所以我們準備不同的產品一次呈現，比較和記憶的效果最好。

因此，我都是盡可能親自去與部落客們碰面。也許是在試吃結束時，去與大家互動、交換意見。我會告訴他們，無論他們對產品的評價好或不好，喜歡不喜歡，他們都可以實實在在的寫。事實上，他們對產品的看法和意見最真誠也最直接。例如，有人會反應吃完太乾、或是吃太多巧克力太量，但是因為報導真實，相對的寫我們優點的部分也更增添可信度。畢竟，有不同的聲音、負面的批評、正面的意見，我們才會進步。

從行銷的觀點來看，我們採取的方式可以被稱作「體驗行銷」，行銷學者對它的定義是：消費者透過對事件的觀察或參與，感受到某些刺激所誘發的思維認同或購買行為。換句話說，體驗行銷不單著重於產品本身，而是建立一個知覺的、認知的、情感的、行為的情境，讓消費者與商品產生互動。這與傳統店家靠自己推銷的方式不同，體驗行銷所傳遞的是消費者的觀感或使用心得，藉此不僅能提高產品在市場的接受度，也有助於建立產品的良好形象。

我們統整試吃的結果就可以評估市場預期的反應，而藉著部落客們的協助報導，還可以替產品創造話題性、增加討論及曝光機會，增加產品行銷的效益。我在大學主修的是社會心理學，不但沒學過行銷，而我的工作團隊又很年輕，也許我們在專業理論上學識不足，經驗更是淺薄，但是我們會不斷的檢驗自己，不斷改進，並且善用我們的創意，相信大家會看到我們的努力。

Team BAC : chocolate runs in our blood

流著巧克力血液的黑幫四人組

創業之初都是彤彤和我一起找店面、談原料供應。我16歲時認識彤彤（余婕彤），她是我的高中同學，也是我很要好的朋友，開始創業的艱辛，很高興有她一起度過。

彤彤是牡羊座，跟我一樣，個性大方、不拘小節、天生樂觀派，也是隻打不死的蟑螂，遇到挫折痛苦一下子，第二天又像一尾活龍。她天生刻苦耐勞，是個工作狂，她用她的體力和睡眠時間來熱愛她的工作。我經常早上7點打電話給她，她已經在公司了，或是晚上10點打電話找她，她還在公司看資料。在工作上，她非常賣命，很有責任感，而且她全力支持我。我覺得她是我的lucky star（幸運星），她一向抱持的態度是：湘怡，舞台是妳的，妳就盡情發揮，拉布幕的工作交給我來就好。她完全不是那種會想出鋒頭的人，她不會因為自己是BAC的合夥人，所以也要在舞台前占一個位置，她有非常稱職的幕後人員的那種精神，專心扮演好自己的角色。我覺得很難得的是，在一個團隊裡，每一個人的角色和之間互補的個性都很重要，如果每個人都為了自己的某些利益去爭，而不是為了這個品牌和公司好的出發點去考慮的話，這個團隊就會散掉。

我們兩個都是火象星座，行動力很強的組合。我們曾經開玩笑說，如果我和彤彤組隊去參加《Survivor》（美國熱門影集《我要活下去》）我們一定會贏，尤其是對手如

果是我弟弟和杰倫的組合，因為他們是以「慢動作」聞名，所以我和彤彤一定可以打敗他們，呵呵！我真的很高興彤彤是我的夥伴，很多人的狀況是，適合做朋友但不一定適合做工作上的夥伴，我們沒有去算過什麼八字或名字筆劃的，去看我們到底合不合，但是我們兩個個性就超級合拍，而會找她做創業夥伴純粹是因為她和我一樣很愛吃甜點，跟她一起吃很開心，看彤彤吃東西就會覺得每個東西都很好吃。

彤彤說，如果今天不是在BAC工作，她應該會是一個在醫院服務癌症病人的人——表演「吃」給他們看。因為她一直覺得，別人看她吃就會有食慾，她吃每樣東西都可以津津有味，食慾非常好。所以她跟我媽相處很好，我媽也是那種結婚生子後就一路瘦不下來，我媽都會跟我說「Gal，我終於知道為什麼我瘦不下來了，因為我一直覺得很餓……，我沒有不餓過」，她是那種會每兩個小時就問我「妳餓不餓？」的那種媽媽，如果我和弟弟還跟媽媽住一起，加上媽媽的手藝又很好，我們一定會很容易就胖起來。

彤彤的哥哥「杰倫（余杰倫）」是一個到哪裡都能睡覺、永遠都睡不飽、看起來一直很睏的「IT宅男」，他不修邊幅、不太在意形象。我應該說，他其實像一條「蛇」。他非常不適合台灣的氣候，他的皮膚因為台灣太潮濕的環境而過敏，所以在台灣工作的

時候，經常是他從自己房間走出來到會議室開會，沿路就會有他的皮屑，像蛇一樣一直脫皮，其實他很折騰、很不舒服，而清潔阿姨也因此要清兩遍！

例如我們有時候正在開一個比較正式的會議，他就必須忍著皮膚過敏的癢，可是還是會有忍不住的時候，他就會不自覺伸手去抓，我弟就會拍他讓他不要抓，要注意形象，這點令我有點心疼，台灣潮濕的氣候一定讓他很不舒服。此外，他可以說是我們這個團隊裡的「冷面笑匠」。他平常沈默寡言，在我們四個人討論的場合裡，經常是我和彤彤、我弟意見比較多，杰倫都很安靜、有時候就在一旁睡著了。可是他有時候會語出驚人，在某些關鍵時候，他會說出一句非常有智慧的話。

他有時候也滿脫線的，最近他才鬧了一個笑話。有次他開車支援，把蛋糕送到客戶那裡，車子開到地下停車場，突然發現，咦？下雨了？結果是他撞到天花板的灑水器。更好笑的是，還有一次他自願幫忙把造型蛋糕送去相當遠的五股，原本我們都好感動，也以為會一切順利，沒想到蛋糕送到已經沒有型了，因為他忘了開車廂的冷藏裝置，蛋糕整個融化塌掉，讓大家又好氣又好笑！

不過，杰倫算是資訊長，CRM（客戶關係管理）和IT（資訊系統）的整合，都是由他負責。購物車和官網的架構都是他做的，去年，他弄出了一個很酷的東西，他可以即時查詢出各分店的庫存量，這部分的資訊對我們來說很重要，可以相互調度。

最後一位，也是我最親愛的一位伙伴：我的弟弟。話說，當蛋糕店漸漸上軌道後，我自認數字概念不夠好，就有朋友向我建議，可以找大學念商科的弟弟來幫忙，我當時想，弟弟（黃匡鴻）在新加坡渣打銀行工作，負責財務行銷，很得上司賞識，我也很想請他啊，不過很多公司搶著聘他，他可搶手的咧！

後來我心想，這麼棒的事業，應該要和最親愛的家人一起打拼，我便拿定主意，要找他來負責營運的部分。就以一種半命令式語氣跟他說：「你來幫我理財！」話雖如此，但也不是這麼簡單的，當初我可是費了很大的勁，才說服弟弟來台灣創業，雖然媽媽對此也不贊成，但是我總是有辦法說服他。 弟弟很有生意頭腦，年紀輕輕在渣打銀行就表現亮眼，對數字的掌控也很精準，營運長非他莫屬。果真，他幫我很多忙，而我們也一同經歷許多、成長許多。

有趣的是，現在工作團隊稱他為「最想紅的藝人家人」。我記得，在天母有一次我們為了一位歌壇新人Fran辦了一個小型的音樂會，我去客串，和弟弟在音樂會上合唱了一首歌，結果當天弟弟的海報比我的還大張，上面寫著「巧克力王子」，他非常高興又得意。

但是，弟弟雖然外表看起來像是那種「玩世不恭」的人，他骨子裡卻是「牽了女生的手就要娶她回家」的那種傳統男生。他凡事都可以考慮很久、三思而後行，常常我們大家一起去逛街，弟弟可以在同一家店或專櫃待2個小時，反覆問著：「這個好不好？那個適不適合？」他可以想很久，讓我和杰倫在旁邊滿臉三條線的等他，真的很可愛。

說真的，弟弟其實是個滿有魅力的領導者，他的工作團隊、遇到他的人大多會喜歡他。所以這個特點就很適合運用在企業結合以及拓展銷售方面。他還滿享受人家找他簽名或合照的時刻，哈！而且天蠍座愛美的他會在意人家問他最近是不是發福了，然後他就會一直問我：「姐姐，我有變胖嗎？」

弟弟還在新加坡時月薪約有新台幣12萬元，另外還有分紅和業績獎金等，是否要放棄眼前的成績，內心曾經有過一番不小的掙扎。後來他的主管告訴他，人生有幾次可以選擇的機會，能夠自己掌握的，才是屬於自己的。

他思考，即使眼前收入優渥，未來的事情還是充滿了不確定，即使賺再多錢，也只是幫別人打工，成就是公司的，不是自己的。最後，他決定為自己的未來放手一搏，到台灣來協助我創業。

為了讓弟弟來台灣，我先幫他在台灣置產，並且立下唯一的工作條款，就是不能有「辦公室戀情」，如果跟店裡女員工談感情，我擔心會影響到他工作，如果違反。我希望讓他先「立業」才「成家」。不過，到目前為止，他都忙到沒時間休假，應該也沒時間交女朋友吧。（內疚）

記得剛從新加坡來到台灣時，弟弟因為中文講不好，跟我一樣也鬧了一些笑話，跟客戶或是員工開會時，因為詞窮表達上會有很大的問題。工作過程中，因為我們看起來不像是很有經驗的商場老將，因為負責公司財務及營運，在洽談採購及通路行銷的時候，常常會受到對方質疑與不信任的眼光，初期也讓他備受打擊。

但我們會互相鼓勵，不能隨便放棄，要有抗壓性，度過了草創時期的沮喪。我們所遇到的挫折和被懷疑都是磨練的機會，不管轉到哪一行，都要保持正面的心態，否則再多的夢想也只是畫大餅。

但是解決「外患」，我們還得克服「內憂」。 我們兩個經常在會議上，就有一堆不合的想法，他比較務實，我比較屬於天馬行空的，姊弟倆就常發生自家人意見相左的情況。此外，在工作上他是我的部屬，但同時又是我弟弟，但我不會因此對他偏心，反而會因為對他期待很高而要求更嚴苛，希望他表現得更好。

這樣可能會讓他感覺，我怎麼沒有給他較多肯定，所以有時候私底下我會告訴他，因為「愛之深」所以「責之切」，我可能對他很嚴格，但是我自己也會做得更好。他也說，以前會很不習慣工作上爭吵過後影響到姐弟感情，有時候回家會因此吃不下飯。但是經由慢慢磨合，我們逐漸得到共識，現在回想起來，尤其看到大家一起努力的成果，那其實是難得而珍貴的經歷。

HOMELESS
SPARE A

The bittersweet journey

過程的苦味都溶在巧克力的甘甜裡

為了創業，我投入之前當歌手出唱片時存的所有積蓄，完全是白手起家。因為我想，趁我還年輕，如果真的失敗，大不了從頭開始，媽媽對此雖然很不想同意，但是就像我說的，我總是有辦法說服她。

那時我借住在一位好心朋友在汐止的家，每天早上8點起床，搭公車下來台北找店面。我走路很容易累，但是為了省錢，我和合夥人彤彤，也就是我高中的死黨，每天走十幾個小時找店面，或是到環河南路堤防邊找流理檯、工作檯等不鏽鋼廚具。和房屋仲介談租店面事宜或是和原料供應商談進貨的時候，人家看我們兩個小女生，還會不懷好心的欺騙我們。

離開演藝圈後，也曾有一段時間感到迷惘，曾經站在光鮮亮麗的舞台之上，下台後的廣闊世界大得令人害怕。但是後來想通了，我想是因為我潛藏的冒險性格吧，山不轉路轉，路不轉人轉。人生不應該只侷限於一個事業或一項專長，而要多體驗不一樣的環境，才會有豐富的歷程。我也不在乎人家見到我是不是會認出我是黃湘怡，藝人的光環和曾經擁有的掌聲，決定放下了就該放下。開店之初，演藝工作還未完全結束，為了節省經費，我搭捷運和公車，能用走的我就用走的，磨破腳皮起水泡也沒關係。那時候一度上電視通告宣傳蛋糕，還來不及換下宣傳的蓬蓬裙，就直接到店裡去洗蛋糕模子。我曾經兩個小時內洗了300個模子呢！

我是一個典型的射手座，喜歡不受拘束、自由自在、有樂天派的天性，天塌下來就當被子蓋，朋友們都開玩笑說我是「打不死的蟑螂」。無論我遇到什麼難關、受到什麼傷，我也許哭一場就沒事了，不太容易憂鬱很久。所以，以我這樣樂天的個性，我創業所做的產品一定要符合我的個性、形象，也一定要是我可以代言、我極欲想要與大家分享的東西。巧克力一直是讓我開心的食物，我可以很自然而然的說出關於它的知識、故事、情感。

轉身看看身邊的人，我發現週遭有大多數的人生活是很壓抑的，他們不太能夠直接了當的表達自己真正想說的話和心情，無法暢快而且不受拘束的呈現自己，吃東西很壓抑、穿衣服很壓抑、過馬路很壓抑……，大家都覺得自己應該有一個既定的樣子，很多時候這些壓抑的不暢快累積到一個程度，人是會崩潰的。我希望透過我所熱愛的巧克力來講故事，帶領大家找到自己的空間，一個可以忘記悲傷，讓你回憶起童年快樂片段、無憂無慮的巧克力天堂。

常有人跟我說不當藝人好可惜哦，可是我不覺得，而且不需要因為害怕未來的不確定，就忘了現在要怎麼生活吧，就像黑巧克力的苦，不是苦，而是苦中回甘，回首創業一路來的摸索歷程，它是辛苦的，但是也有苦有甜。

雖然公司漸漸已經上軌道了，但是對我來說最難的還是人事，畢竟同事平均年齡只有20出頭，我、弟弟、彤彤和杰倫也都很年輕。難免會讓員工懷疑「我們到底值不值得信任」。我們靠著自律和上進心，讓大家都看到我們的努力。有時候我會與員工們分享企業家的小故事，希望大家思考如何激發熱情。而能夠認識這麼多有才華的同事，是我創業過程中最大的收獲。

現在，我感覺自己已經從一個對於未來充滿猶豫與徬徨的年輕人，進展到擁有自信、勇於接受挑戰的創業者。創業路途上，弟弟與我互相扶持、互相鼓勵，熬過了創業初期的沮喪，而我弟弟也慶幸當初給了自己築夢、圓夢的機會。只要勇敢跨出、持續累積，人生絕對會增值！

在創業過程中有許多快樂的經驗。我永遠記得，自己站在櫃台賣出第一個蛋糕的時候那種欣喜和興奮，當顧客接下我手中的蛋糕時，我告訴自己要記住這一刻。還有BAC到台中開設第一家分店的時候我也非常開心的，爸媽也都到現場，因為那可以說是跨出台北的第一個據點。

第一次帶著員工到花蓮旅遊的感覺也很特別，過去當我還是歌手的時候，都是跟著唱片公司一起去，現在則是由我領隊帶著大家一起去，角色不同、感受不同。

每次我們研發出新口味的巧克力蛋糕的時候，像是當我嚐到第一口我們與高以翔合作的第一個名人造型蛋糕，也是我非常快樂的時刻，因為那代表又一個夢想被實現了。而當我看到蛋糕訂購數字、會員人數愈來愈多的時候，也會有欣喜的滿足感，原因很簡單，顧客每一次訂購我們的產品，就表示他們認同、欣賞我們的產品，就拿我們最近推出的2週年冰淇淋蛋糕，工作人員每天都會monitor銷售數字，當他們公布數字一跨過800，我們就會一起雀躍不已，士氣大振。

每達到一個里程碑，都會為我們創業的辛苦和勞累帶來一些快樂。2009年8月的新品冰淇淋蛋糕，我們就在蛋糕上設計兩個腳印，象徵「同行」的概念。我們用大腳包小腳的溫馨的感覺，傳達保護的安全觀，感謝這一路上陪我們走來的所有人，家人、朋友、工作夥伴、員工。當然也要感謝一直以來很支持我們的顧客，所以我們做了T-shirt，由我們四個人合照，對大家致敬。

Roots
ZARA

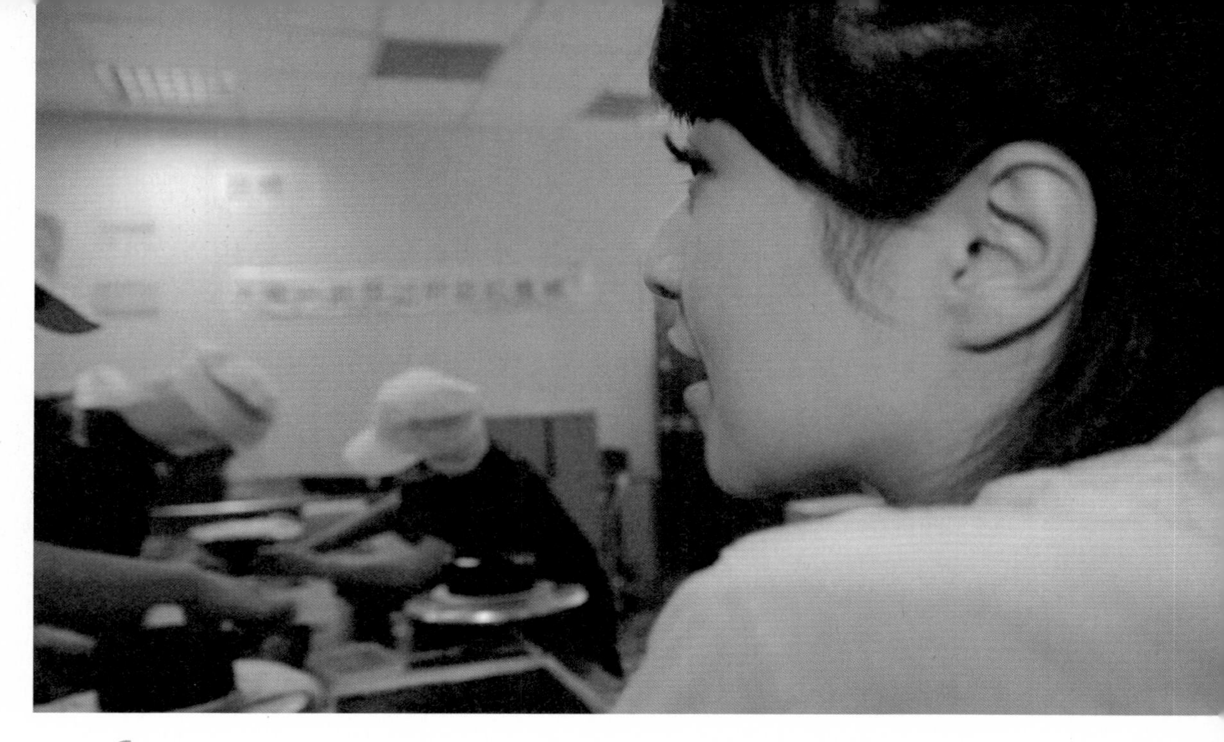

Ask, and it will be given to you; seek and you'll find.(Matthew7:7)

就如同創業之際，每當我在猶豫時，我也是問人、問書、問神。

在創業過程中一直告訴自己，即使轉業之路崎嶇，持續就能累積經驗，要找到自己的價值，踏實很重要，不可以三分鐘熱度。

我不是先學了管理、行銷才來創業，我是邊做邊學，包括公司的物流、生產、SOP這些的經營上的細節。我喜歡和有經驗的長輩聊天，他們有些人曾經擔任過公司的負責人或是總經理，我們也會上課，像之前我們4個人都有跟一位老師上過企業管理的課。

此外，很幸運的，我人生的不同階段都會遇到一些貴人，在某些關鍵時刻我去詢問的時候，這些貴人會給我一些指點，提醒我該注意的地方。

一直以來我都很謝謝世界上有書這種東西，因為書的作者十幾年來的研究和分析，它的精華可能就在這100頁裡，我們可能10天就學到這個人10年來的心得，真的很棒，我很感謝有書的陪伴，書是我最大的老師。我覺得閱讀是很好的習慣，讀完一本書就好像我跟作者坐下來吃了一頓飯，向他請益過了。因為沒有特定一個人會教我怎麼做生意，也沒有一個固定的mentor的角色來引導我、教我怎麼做，所以我藉由不斷閱讀，努力摸索經營的原則與方式。

我感到很神奇的是，每當我發生某些事情、心裡有疑惑，走進書店，就一定會有一本書的書名吸引我的目光，然後我會發現那

就是我需要的書，能夠解決我的問題。

像是最近我在看的書是Jim Collins的《How the Mighty Fall》。這位作家之前有另外兩本非常暢銷的書，都是在探討美國有些小企業，如何成長為「Fortune 500」的規模、資產雄厚，或者有些小企業可能創業了30年或70年，為什麼有些企業可以如此長壽、屹立不搖，而為什麼有些我們認為很大很厲害的企業，可能經營8年、10年的時間，竟然在這次金融風暴中就應聲而倒了，像是美林、雷曼兄弟、美國銀行等，瞬間倒下，這本書就在研究這些。

書中說，有沒有一個方式或公式可以去預防這種狀況。他比喻，像一個人有癌症，表面上看不出來，光鮮亮麗又健康，可是其實癌細胞已經在體內蔓延。這意味著，公司內部其實可能有些不健康的狀況存在，但是經營者沒有去檢視、沒有發現，公司看起來運作正常，其實暗藏危機。

這對我來說是個提醒，大家看到我現在可能滿成功，巧克力蛋糕做得很漂亮、包裝很漂亮、店面很漂亮，生意不錯。但是書上說的，很多大型公司殞落，都是自己造成的，可是他說不要害怕：「the mighty can fall, but they can often rise again.」我想看這本書的原因，是因為我覺得我走到一個點了，一個大家覺得有點成績的點。但是我要預防的是，別人給我讚美的時候，我可能就沈浸在讚美的快樂之中，而看不到危機。

所以我要常常檢查，記得我們在交不出蛋糕的時候，或那時候資金流量負數的時候，還有媒體負面報導而使得業績下滑的時候……不要忘了這些痛處，這些痛不是過了就可以忘了。「whether you prevail or fail, endure or die, depends more on what you do to yourself than on what the world does to you！」不能把公司的狀況，通通歸咎於外在環境，畢竟是好是壞，影響最大的還是自己的作為。

書本是我的導師，買的書我都會把它看完，我很喜歡一些作者像是《紫牛》或《藍海策略》的作者，他們都能把行銷和作生意講得很有趣，而不是用很多數字、無聊的資訊來解釋。還有我最近才剛給我弟看的有關節源的書《How to Drive Cost Down》。雖然並非書上所有東西都能運用，但我們可以擷取對自己現在生意的階段有用的部分。

最後，有一個信念，對我來說很重要，不論工作再忙，我都按時上教會參加聚會的活動，那是我沈澱和蓄積能量的重要方式，也可使我在任何情況下都不至於不安，而能隨時保持在喜樂和滿溢的狀態，不斷向前。

你問我下一步會是什麼？我期待著下一次的冒險！

is a
紅花牌

And on the eighth day God created chocolate.
在創世紀的第八天，上帝創造了巧克力。

Bite

Chocolate Chapter

巧克力的秘密章節

As classic as chocolate

巧克力的誘惑

人類食用巧克力的時間有數千年之久，在這麼長的時間中，人們不斷地研究之下發現巧克力更多的可能性，因此它的口味不勝枚舉。

草莓、櫻桃、榛果、薄荷等口味可說是最普遍也最受歡迎的口味，最讓我感到驚奇的是哇沙米口味，而最讓我驚豔的是在日本吃到的焦糖鹹巧克力。其實我原本對這款巧克力沒有太大的期待，折合新台幣1,000元的價格，它並不便宜，我心想這麼貴的鹹巧克力多半是噱頭吧。沒想到焦糖和鹹的組合可以這麼完美，巧克力的部分香醇、順口，沒有一般添加許多香料的巧克力那種濃妝豔抹的俗麗，讓人迫不及待在鹹巧克力在口中融化後、氣味消散之前，再剝一塊來吃。

所以，鹹味的巧克力……「Why not？」就好像我們吃麻辣火鍋的時候，會想停一下吃些甜的東西，感覺開一點胃，再繼續吃火鍋一樣，我猜想這款鹹味巧克力的設計者，可能也有這樣的用意吧。

近幾年來，亞洲開始風靡源自瑞士的巧克力鍋，吃法是用長叉子叉起水果和棉花糖，沾裹在一旁加熱的巧克力醬來吃。事實上，巧克力也不單只能用在甜點上，在義大利就有用濃濃的巧克力sauce所做的燉飯，現在坊間甚至還有巧克力炸雞呢。其實，巧克力有許多可能等待我們去挖掘、發現，它的百變就看我們把它跟什麼放在一起，看我們幫它穿上什麼衣服包裝，就會碰撞出不一樣的火花！

現在，巧克力已經在我們的生活中占有不可或缺的地位。全美國有52%的人表示，吃點心或甜點的時候，最愛選擇的口味是巧克力，其中女性又比男性比例多一些。在美國，巧克力是最受歡迎的食物！有一個數據可以參考，2001年時，美國的巧克力消耗量是10億磅！而美國的鄰居在這方面也不遑多讓，美國最大的巧克力出口市場是加拿大！

哪個國家的人吃最多巧克力呢？瑞士人每人每年在瑞士吃下 10.3公斤的巧克力。另外，根據巧克力製造協會（Chocolate Manufacturers Association）的調查，瑞士人每人消耗巧克力22.36磅，領先全球，而奧地利人和愛爾蘭人則緊追在後，分別消耗20.13磅與19.47磅。至於製造最多巧克力的國家，不令人意外，就是瑞士，每年瑞士國內2130家巧克力店製造出172,000公噸的巧克力。美國的美食雜誌報導，美國在1998到2008年之間人口預估將成長4.3%，而巧克力的銷售數字預估可增加13%，這表示巧克力的消費成長速度是人口成長速度的三倍！

另外，根據一本美國雜誌的報導，美國在2004年一項票選活動調查人們最喜歡的巧克力種類，其中有2/3的人表示他們喜歡牛奶巧克力，37%的人喜歡黑巧克力，26%的人喜歡調味後的白巧克力，你可以看得出來，顯然有些人投了兩票，他們選不出最愛的一種，也許只要是巧克力他們就愛吧。就像美國西岸巧克力節T-shirt上寫的「To love chocolate or not to love chocolate。 Is this really a question?」（愛巧克力或不愛巧克力……這還用得著問嗎？）

此外，你可以發現，任何的甜點都會有一種選項是「巧克力口味」，巧克力運用在菜餚裡的組合也時有所見，巧克力在人們的身上產生的魔力不言可喻。

Drink of the Gods
眾神的飲品

早在3000年前，中美洲居住在墨西哥灣一帶，最古老、神祕的文明奧梅克（Olmec）人開始食用巧克力，現代的語言學家考證後發現他們稱這種食物為「可可亞」（cocoa），歷史學家們相信，奧梅克人是最早種植可可樹的民族。之後，大約在西元第4世紀的馬雅人，在神聖的宮殿和神廟牆上雕出或畫出可可亞的豆莢，將它呈現為生命與豐沃的象徵，並且稱之為「眾神的飲品」。西元600年左右，阿茲特克人把可可豆當作是流通的貨幣來使用，一隻兔子值10顆可可豆，一隻騾值40顆。學者研究，可能是因為阿茲特克人看到猴子和松鼠吃了可可豆周圍的白色果肉後神清氣爽的樣子，才決定把可可豆拿來吃。當西班牙人來到中美洲時，在這裡的阿茲特克（Aztec）人獻上可可亞豆，告訴他們這種果子可以做成飲料，也就是所謂的可可茶。可可豆被帶回西班牙後，不但被當作食物，也被當作是流通的貨幣來使用。1580年，史上第一家巧克力加工廠在西班牙開始運作，也開啟了巧克力邁向歐洲其他國家的路。但是由於巧克力昂貴，因此一開始是屬於貴族和皇室的飲料。

1400年代晚期哥倫布將巧克力帶入歐洲；1600年代巧克力被帶到英國，當時巧克力被當作有藥效的飲料。1660年時巧克力被當作飲料販賣，但是因為販賣巧克力飲品要課稅，所以是只有社會上經濟狀況較好的人能負擔得起的奢侈品。牛奶巧克力是1876年瑞士人Daniel Peter所發明，此時原味巧克力已經在英國流行快30年了。

Types of chocolate

巧克力的產地和種類

製造巧克力的原料是可可豆，可可豆的產地主要分布在赤道線兩側的熱帶國家，原產地為墨西哥、委內瑞拉和厄瓜多爾，但是目前最大的國家則為巴西、象牙海岸、馬來西亞等地，其中南美洲所產的可可豆品質最好。

可可豆的品種大致可以分為三種：Criollo、Forastero、Trinitario，其中以Criollo的品種品質最佳，但是產量也最少。Forastero口味較淡，有時會伴隨果香或花香，Trinitario則是前兩種配種培育的新品種，豆子味道濃郁芳香，也是品質很高的可可豆品種。其實巧克力的字源是來自阿茲特克文「cacahuatl」或「xocolatl」，意思是「苦味的水」。其實巧克力的來源可可亞「cocoa」原本應該是「cacao」，後來的人併錯字，就一直沿用至今了。

可可樹有不同的種類，就像不同種類的葡萄樹可以做出不同口味的酒一樣，一顆可可豆莢含有20到50顆可可豆，在製成巧克力之前，可可豆會先經過發酵、乾燥、烘烤、研磨等處理。

巧克力的含量沒有一定的比例，不同的含量可以做出不同風味的食品，要做出什麼樣的巧克力，要看你在調配過程放入多少可可亞。巧克力有許多種類，而每一種巧克力都有其忠實的愛好者。

苦甜巧克力

可可亞含量為63%～72%，這種巧克力比半甜巧克力更純、味道更強烈，是許多主廚的最愛。但是因為可可亞含量較高，所以使用上也較不容易處理。苦甜巧克力中我最喜歡的頂尖品牌有Valrhona、Callebaut、Scharffen Berger、Lindt、E。 Guittard、Cluizel和El Rey。

牛奶巧克力

可可亞含量為36%～46%，照例地，在這一類的巧克力中最好是找可可亞含量愈高的愈好，牛奶巧克力中明顯的焦糖味是非常美味的，Cluizel、El Rey、Valrhona、Callebaut、E・Guittard、Lindt的牛奶巧克力品質都非常出色。

白巧克力

白巧克力不含可可亞，其實不算是巧克力，它是由可可脂、糖、香草、牛奶製成，喜歡巧克力的人不見得喜歡白巧克力，但是，在精緻蛋糕上，尤其是以苦甜巧克力做的蛋糕，白巧克力是最佳的甜味配角，白巧克力很好運用，但是請記得要選擇不含植物油的，El Rey、Valrhona、Lindt和Callebaut都有上好的白巧克力。

無糖巧克力

可可亞含量為100%，從名字就看得出來是不含糖份的巧克力，可可亞含量達到百分之百。嚐一口你就會知道，這種巧克力不是拿來單吃的，它可以用來與半糖巧克力或苦甜巧克力混合，以加重口味。或者，你也可以用20%的無糖巧克力混合80%的半糖巧克力，即興做出自己想要的苦甜巧克力。Valrhona和Scharffen Berger都是絕佳的選擇。

可可粉

有一種加工可可粉（Dutch-processed cocoa）是完全不含糖份的巧克力，它的天然酸味被用鹼中和，這種巧克力的口味比一般無糖巧克力來得重，它會讓巧克力威化餅、冰淇淋、冰糕（sorbet）的滋味更棒。Valrhona和Droste的可可粉是不錯的選擇。

Chocolate tasting

如何評量巧克力的品質

在我們評量巧克力的品質時，要運用所有的感官──視覺、嗅覺、聽覺、觸覺、味覺等來協助，並要注意以下幾點：

外觀：好的巧克力應該是滑順、光亮、像桃花心木一樣深沉的顏色。

氣味：好的巧克力聞起來不應該有過度的甜味。

聲音：好的巧克力應該是酥脆的，如果在掰成兩半的時候會有清楚的「啪」的一聲。如果巧克力碎開了，那麼這塊巧克力就太乾了，如果掰不斷，那就是巧克力太硬了。

觸感：可可含量高的巧克力若是放在手中應該會迅速地開始融化，如果巧克力因為體溫而開始融化，這是好現象。放入口中的巧克力應該會讓你感覺異常的滑順、完全沒有顆粒感，同樣地，巧克力會馬上融化。

口感：巧克力含有千變萬化的口味與香氣，這些口味和香氣會在口中縈繞、久久不散。巧克力的基本味道是苦中含有些微的酸，加上帶點酸的甜味，而加入一點點的鹽還有助於提味，能帶出可可亞、鳳梨、香蕉、香草和肉桂等的香味。

你可以與朋友試著一次品嚐6種左右不同品牌的同一種巧克力，比方說各種廠牌的

苦甜巧克力。比起一次只吃一種巧克力，品嚐一種接著一種會更有趣，巧克力的味道也會更明顯，而且不像品嚐紅酒，你不需要吐掉巧克力。

請記得要品嚐純巧克力，而不是那種含有核果或其他成份的巧克力。品嚐那種存放在室溫的巧克力才是合宜的，冷藏的溫度會蓋住它的風味。

以視覺觀察巧克力外觀，它應該是有些微的光澤平均地覆蓋在表面，因此表面光滑。它應該是平滑、均勻、純淨、無瑕。黑巧克力的顏色應該非常的深，可能帶有淡淡的紅色光澤。

用姆指和食指拿起一塊巧克力，拿著它幾秒，請注意上面有沒有留下指紋。如果有的話，這是好事，這表示巧克力內含可可脂而不是植物油（以植物油製作的品質較差的巧克力，在你口中會留下油膩感）。品質優良的巧克力中所含的可可脂會在比體溫低一點的溫度下融化，所以巧克力應該會在你只是用手拿著的時候就開始融化。

吸一口巧克力的香氣，就像你會吸一口紅酒的香氣那樣。巧克力應該會有強烈的芳香──最好的是複雜的香氣，而且不應該有變質的味道。那種香氣應該是帶點甜味又不會太甜，有一點點的水果味，有時候伴隨著花香，甚至是柑橘、莓果、香草、櫻桃或焦糖，這些都顯示這是塊好的巧克力。請注意香氣是微弱和強烈、是一股腦釋放出來的或是持續散發久久不去。好的巧克力應該是會吸引你去品嚐的。

掰下一大塊巧克力，它應該會乾淨利落地的分離，質感如天鵝絨般光滑，不會有一粒一粒的感覺。試著咬下一塊巧克力，它應該會開始融化，而且是均勻地融化。好的巧克力不會黏牙，也不會粉碎、彎曲。

吃巧克力的時候，用舌頭把一塊巧克力壓到口腔上方，等25秒左右，讓它在舌頭上融化。巧克力的質感應該非常滑順、像乳脂般醇厚，而且應該很快地變成如絲緞般滑順的液體。

當巧克力觸碰到你的味蕾，請問問自己這些問題：有沒有果香？例如莓果、柑橘、櫻桃或甚至乾杏果？是否有焦糖、香草、核果的味道？如果有以上這些味道都是好現象。這些味道是否縈繞不去，持續到1分鐘左右？如果有香草的味道，這味道是否形成複雜的整體巧克力風味，或者味道強烈？這巧克力是否令人感到舒適、純淨？它的味道是否長久或短暫？如果味道長久，是否為有時強有時弱的分別？味道是否單純而直接？

品嚐完一種巧克力之後，再繼續嚐試其他品牌的巧克力，就可以享受不同巧克力帶來的愉悅！

Choosing the right chocolate for baking

如何選擇巧克力做為甜點的材料

無論你廚藝多好，如果你用的是品質比較差的巧克力，你做的甜點就不會吸引人。你可以信賴的巧克力品牌包括：Callebaut、Valrhona、El Rey、Michel Cluizel、Scharffen Berger。

你選擇巧克力之前，知道如何辨識標示內容是很重要的。要確定自己買的巧克力是只含有可可亞（無論是可可豆、可可塊或可可醬）、糖、可可脂、香草、卵磷脂等這些成份的巧克力。巧克力的成份不應該含有植物油。可可亞的含量百分比表示可可亞相對於糖份的含量。所以，含有60%可可亞的巧克力之中，就有40%是糖，不到0.5%的香草或卵磷脂。而這60%的可可亞當中大約有一半是固體的可可亞，另一半則是可可脂，這就是「可融你口」的那種絕妙比例。其實可可亞的含量百分比愈高，巧克力就愈濃、愈黑、味道愈明顯。

如果可可亞的含量百分比降到50%以下，那麼巧克力就含有比可可亞還多的糖，這也表示巧克力的味道就比較少，可能會剝奪了巧克力的美味，所以我不會建議使用以糖為主要成份的巧克力來製作甜點，仍然以高可可亞含量為主要選擇。

Famous chocolate brands

如何選擇巧克力的品牌

就像所有的咖啡烘焙業者都有自己風格，每個巧克力製造商也都發展出其獨特的口味和口感。比利時巧克力以細緻的手法烘焙、具有完美醇厚而令人欣喜的口味，例如Callebaut。此外，法國人喜歡巧克力的製作方式就像他們喜歡咖啡的一樣，他們喜歡烘焙程度較多、口味較重的巧克力，例如Valrhona。來自委內瑞拉的El Rey是以口味豐富的可可豆製成，因此也別具風味。美國的頂級巧克力品牌Scharffen Berger在巧克力世界中則比較新穎，他們發展出完全屬於自己的風格，創造出口味濃重的巧克力。

Chocolate: the doctor

巧克力的療癒

人類自從開始食用巧克力，便相信它有治療效果。過去巧克力曾經是一種草藥，味苦的藥。

古老的時候，巧克力被當作是催情的東西，它提供一種愛的滋味、一種給失落情緒帶來慰藉的東西。

阿茲特克人認為巧克力是靈魂智慧的根源，並且能加強性方面的動力，此外，他們也認為巧克力飲品對新婚夫妻有幫助，所以把巧克力當作是在婚禮上最好的飲料。

與其說巧克力是一種為精神帶來健康的食物，倒不如說它是為情緒帶來健康的食物。巧克力是一種口感與質地的複雜結合，巧克力的成份之一可可油溶點比人的體溫低，所以它易溶於口，與人體能夠完美融合。它提供舒緩緊張、滿足感以及提振精神的神奇特質，更提供營養和能量。

現代的科學研究也證明，因為巧克力會刺激腦內多巴胺的產生，所以它會增加女性的性衝動喲！

巧克力的融點比體溫低一點，會在你口裡融化，在口中融化的巧克力會加速大腦活動、心臟跳動的速度，強度更甚於熱情的吻，而且持續的時間有4倍之久。

Healthy = chocolate

巧克力的健康價值

巧克力含有一種很重要的「抗氧化物」，抗氧化物能夠防止自由基侵害我們的基因、損害細胞膜、並且預防心臟病和癌症。自由基會侵害我們的細胞組織、造成老化，抗氧化物愈多，反而可以讓我們的歲數延長。

抗氧化物存在大自然的許多植物中，顏色愈深，含量愈高，例如藍莓、黑莓、紅葡萄等。未過度加工和純度越高的巧克力的顏色越深，甚至接近黑色，它可說是最健康的食品。此外，巧克力的營養成分也很高。它含有葉酸、銅、鎂、鐵、鈣、磷、維生素E、丹寧酸等，它也含有豐富的抗氧化多酚。一條40公克的巧克力棒含有蔬菜及水果所提供的兩天的抗氧化多含量，巧克力是抗氧化物的最佳來源。但是請注意，這不是指在超市或商店你可以買到的那種很甜的巧克力棒。

黑巧克力本身不含膽固醇，儘管巧克力的油脂含量高，但是它不會提高血液裡的膽固醇，它所含的不飽和脂肪酸反而可以降低血液中的膽固醇，還可能因此有助於降低高血壓、防止動脈阻塞及心血管疾病。

巧克力中含有咖啡鹼成分，具有強化心臟和利尿的功能。其他的功效還包括抵抗貧血症、防止胃潰瘍和風濕關節炎等。甚至還含有可提供我們骨頭和牙齒所需的鈣質。

女性朋友都知道，巧克力對舒緩經前症候群很有幫助，甚至有人說「好朋友」來的時候吃巧克力不會發胖。真的有研究報告證明巧克力的成份可以克服憂鬱症、使人產生安樂感、幸福感、具興奮效果、鎮靜作用，提振沮喪的情緒、舒解精神壓力、提神效果、抗疲勞等。而且有趣的是，對巧克力過敏的案例非常罕見。

儘管巧克力富含健康成分，但是如果吃到不對的巧克力，反而對身體有不良的影響。目前市場上買得到的可可／巧克力產品，大多是以烘烤過的可可豆製造，這種產品不會提供可可所含的最多養分，生的、新鮮有機可可豆是最好的選擇，但是這種產品取得不易。因此，第二順位的選擇是有機的黑巧克力，特別是那種未加糖的、或是苦中帶一點甜味的巧克力。牛奶巧克力（巧克力含量在50%以下的）不會是最好的選擇，因為通常這種巧克力都會加入糖、油脂等調味。愈純的巧克力對人體愈健康。

EX：
100克黑巧克力的維生素含量：
（RDA為建議的每日定額補給）
維生素 B1　7% RDA
維生素 B2　12～25% RDA
維生素 B3　1～6% RDA
維生素 B5　8～11% RDA
維生素 B11 7～8% RDA
維生素 B1　0～100 % RDA
鈣 6～60% RDA
銅 0～60 % RDA
鐵 2～35% RDA
磷 25～35% RDA
鋅 7～17% RDA
錳 0～100% RDA

100克牛奶巧克力含維他命量：
維生素 A　2～9% RDA
維生素 D　32～36% RDA
維生素 E　25～35% RDA
鈣 3～40% RDA
磷 25～35% RDA

Chocolate: tastes best with...

怎麼吃巧克力最美味

巧克力配什麼飲料最好吃呢？有些人會邊喝牛奶邊吃巧克力，也有人是一口紅酒一口巧克力，甚至還有人覺得茶和巧克力是絕配，我自己則是覺得咖啡配巧克力的味道最棒。

巧克力如果搭配酒的話，一般是會配紅酒，酒的甜度不要超過巧克力為佳，可可含量高的黑巧克力那種烘焙過、略帶苦味的香醇，與紅酒發酵後帶點微酸的滋味，其實會讓彼此更加順口、互相加強香濃可口的美味。

喝咖啡配巧克力的吃法應該是從歐洲人開始，通常是以義大利式濃縮咖啡搭配可可含量高的黑巧克力，經過烘焙的咖啡豆和可可豆，帶著不同的苦味和微酸、一樣的香醇，把人包裹在歐洲的浪漫情緒裡，所有感官也為之振奮起來。

咖啡配巧克力的另一種吃法，就是把巧克力加入咖啡裡，此種吃法的咖啡通常是使用拿鐵，而這也就是大家所熟知的摩卡咖啡。

咖啡與巧克力的比例沒有一定，通常是1/3義大利濃縮咖啡加上2/3奶泡，加入一些巧克力醬，一般店裡賣的摩卡會用巧克力糖漿，有時候會在咖啡上灑可可粉或棉花糖，咖啡的味道變得更甜。

In heaven, chocolate has no calories and is served as the main course.
在天堂，巧克力是沒有熱量，而且被當成主食。

Bite

Chocolate Treats

巧克力的魔幻點心

Hot chocolate
熱巧克力

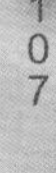

材料：

60公克黑巧克力碎片
500毫升（約2杯）加溫過的牛奶
棉花糖

享受快樂人數：2人份

等待快樂時間：5分鐘

產快樂方式：

將巧克力放入深的平底鍋，加2大湯匙的水，以低溫加熱攪拌巧克力碎片到它融化為止。緩慢放入牛奶，輕輕攪動使它微微起泡。加溫，但是不要讓它沸騰，之後倒入馬克杯，再放一、兩顆棉花糖，讓棉花糖浮在巧克力上。

Chocolate scented tea
巧克力風味茶

材料：

50公克（約1/3杯）的比利時100%碳烤黑巧克力扣子
2大湯匙英國早餐茶茶葉
2顆香草豆，切得非常細碎

享受快樂次數：12杯

等待快樂時間：10分鐘

生產快樂方式：

將巧克力扣子、早餐茶茶葉、香草豆粉末放入玻璃罐，放置兩個星期，以便飲用前取出沖泡。將兩茶匙的具有巧克力香味的茶葉放入茶葉球，把茶葉球放入一個250毫升的耐熱玻璃茶壺，加入3/4杯沸水並且放置一旁浸泡5分鐘。取出茶葉球，如果想要有點甜味和奶香，加入1茶匙的糖與牛奶就可以喝了！

Chocolate Soda
巧克力汽水

材料：

3茶匙黑巧克力醬
3球頂級香草冰淇淋
一般未調味的汽泡水或蘇打水

享受快樂人數：給一個快樂的陽光男孩或女孩享用剛剛好

等待快樂時間：5分鐘

產快樂方式：

在高玻璃杯裡放入巧克力醬、1球軟化了的冰淇淋，用湯匙攪拌成糊狀。加入汽泡水或蘇打水到半杯滿的高度，再次攪拌。將其餘兩顆冰淇淋放入玻璃杯，請注意汽泡水的高度要離杯緣約2公分，讓汽泡水的汽泡可以在玻璃杯上方彈跳。

Toast with chocolate

巧克力吐司麵包

材料：

1片大約1公分的切片麵包
1 又1/2～2茶匙刨碎的微甜黑巧克力屑
依個人喜好準備覆盆子、水蜜桃片、無核櫻桃、草莓片或香蕉片

享受快樂人數：一個人享用剛剛好

等待快樂時間：5分鐘

產快樂方式：

將麵包烤好，趁麵包還是溫熱的時候，將巧克力灑在麵包表面，等巧克力融化。在麵包上隨意放上你選擇的水果，就是一道奢侈的美味食物。

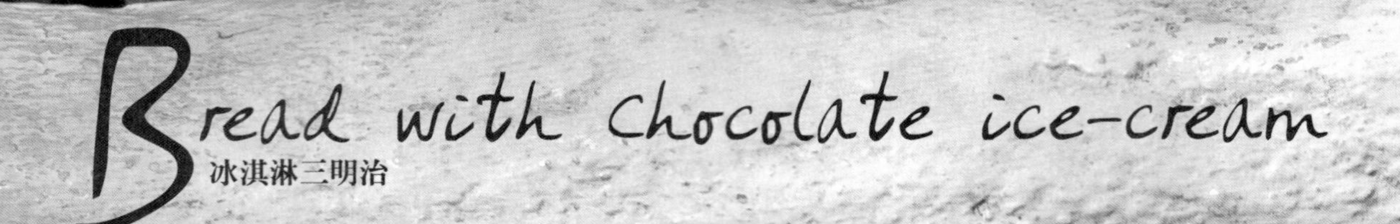

Bread with chocolate ice-cream

冰淇淋三明治

材料：

3～4球巧克力冰淇淋（最好是有一點軟化的那種）
1片白吐司麵包

享受快樂人數：一個人享用剛剛好

等待快樂時間：5分鐘

產快樂方式：

將白吐司麵包折成一半。挖1球冰淇淋並且立刻放到白吐司麵包上，用冰淇淋填滿吐司麵包的每個角落，這樣就是一份你可以獨享的冰淇淋三明治了！

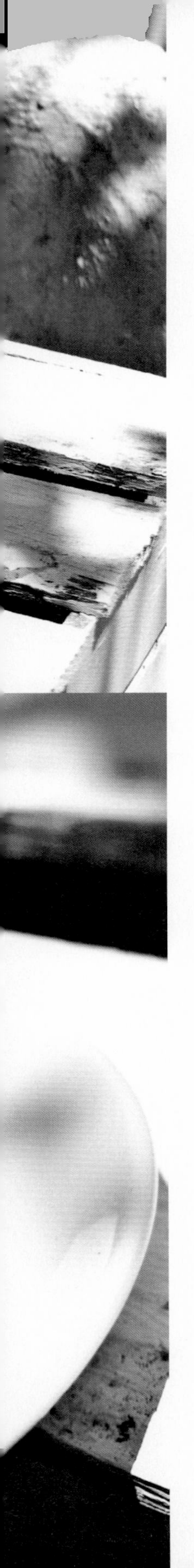

Chocolate Chip Cookies
巧克力碎片餅乾

材料：

500公克自發粉
320公克奶油
260公克紅糖
2顆雞蛋
250公克巧克力碎片
125公克堅果仁（非必要）
1/2茶匙小蘇打
少許的鹽

享受快樂人數：你的全班同學！

等待快樂時間：45分鐘

產快樂方式：

將奶油和紅糖均勻地打在一起，緩慢地加入雞蛋一起打。接下來加入麵粉和小蘇打，並且以低速混合在一起。加入巧克力碎片和堅果仁。然後把麵糰放在冰箱15分鐘，冷卻後把麵糰分成小塊，並且排好放在稍微塗了一點油的烤盤上。以攝氏200度烤13～15分鐘即可。

White chocolate & strawberry ice balls

白巧克力雪球和草莓雪球

材料：

1桶草莓冰淇淋
200公克白巧克力
水果叉或雞尾酒叉

享受快樂人數：20個派對狂歡客！！

等待快樂時間：20分鐘

生產快樂方式：

準備兩小塊保麗龍板，用鋁箔紙將保麗龍板包起來，這是用來放雪球的。

用一支挖球器將冰淇淋很快地挖成一球一球，插在雞尾酒叉上，然後放在鋁箔紙包的保麗龍盤上。做好6～8顆，就把保麗龍盤放到冷凍庫裡確保它冰淇淋球不要融化。持續這樣的動作，每做好6～8顆冰淇淋球就放到冷凍庫裡，讓冰淇淋球冰到硬。

同時，在碗裡隔著熱水融化巧克力，然後放涼到微溫的程度。將冰淇淋球放到融化的巧克力裡、轉一圈讓巧克力在外表包覆一層，巧克力應該會立即就凝固成一層外衣。將整盤冰淇淋球存放在冷凍庫，派對的時候拿出來分享，或者在你想要吃點清涼小點心的時候隨時拿出來享用。

Chocolate crème fraiche ice-cream

巧克力奶油冰淇淋

材料：

2杯半奶油（一種一半奶油混一半鮮奶的奶油）
1/2杯包裝黑糖
168公克微甜黑巧克力，切成極為細碎
224公克冷凍的新鮮奶油（crème fraiche）
2大湯匙的淡玉米糖漿
1茶匙香草萃取物
少許鹽

享受快樂人數：2品脫

等待快樂時間：20分鐘，然後你就有1個月可以享用這道冰淇淋甜點

生產快樂方式：

將半奶油和糖放入中型深平底鍋，以中火加熱，一邊攪拌到糖融化為止。將平底鍋移開火源，加入巧克力，攪拌它到沒有顆粒。將這鍋混合液移到一個碗裡，讓它冷卻到室溫，偶爾攪拌一下。然後蓋起冷藏，直到完全冷卻，這大約需要兩個小時。

將新鮮奶油和玉米糖漿、香草和鹽放在一個大碗裡攪拌在一起，慢慢加入剛剛巧克力混合物，一直攪拌到完全混合。把這一碗混合物移置冰淇淋機，然後冷凍起來。這個冰淇淋攪拌的時候就會變軟，但是已經可以吃了。如果要質地更硬，請放入冷凍盒內冷凍至少兩小時。如果你有冰淇淋機，這份混合物就可以放在淺的容器裡冷凍，但是冷凍過程中你必須將它拿出來三次，徹底的敲打它。你敲打愈多次，混合物裡的冰結晶就愈小，成品的口感也就愈滑順。

Chocolate espresso shots (Affogato)

巧克力濃縮咖啡（阿法奇朵）

材料：

2份濃縮咖啡
棒果、香草或巧克力口味的義大利冰淇淋

享受快樂人數：2人份

等待快樂時間：5分鐘

生產快樂方式：

將小咖啡玻璃杯裝滿巧克力、香草或榛果口味的義大利冰淇淋，然後只加入一份濃縮咖啡。這對咖啡愛好者而言是最令他們開心的組合！

Chocolate Orange Fudge
巧克力柳橙軟糖

材料：

395公克加糖濃縮牛奶
50公克無鹽奶油，切成丁狀
200公克柳橙口味的黑巧克力
200公克切成極細碎的黑巧克力

享受快樂份量：36顆

等待快樂時間：10分鐘

生產快樂方式：

在7平方英寸大小的蛋糕盤上以兩條烘焙紙舖在底和側邊。將濃縮牛奶和奶油放入深平底鍋，以微溫攪拌直到奶油融化並且均勻混合。以文火緩慢加熱，並不時地攪拌。然後將鍋子移開火源，在一旁放5分鐘左右使它微微冷卻。加入巧克力並且攪拌直到巧克力剛好融化。快速地把這鍋軟糖倒入蛋糕盤，表面抹平。然後把整盤軟糖放入冰箱約4小時或是到它變硬的時候，接著把軟糖倒出蛋糕盤，切成3立方公分的方塊，巧克力柳橙軟糖便完成了。

Chocolate dipped strawberries
草莓甜心巧克力

材料：

84公克半甜巧克力（semisweet）切碎
1盒草莓

享受快樂人數：4～6個朋友

等待快樂時間：10分鐘

生產快樂方式：

用直徑1又1/2英吋的深平底鍋以文火煮一鍋水，用一個耐熱的小型深碗隔水將巧克力融化，不停攪拌直到巧克力完全融化，然後把深碗從熱水中移開。將烘焙紙鋪在小盤裡，接著拿起草莓浸入融化的巧克力，翻轉草莓讓巧克力平均覆蓋草莓的2/3範圍，然後把過多的巧克力輕輕甩掉，接著小心地將草莓放在烘焙紙上。

讓草莓放在紙上大約30分鐘，等巧克力固定後小心地將草莓從烘焙紙上取下，盡情享用，或是放到冰箱裡冷藏。

Angel's food cake with choco ate sauce

巧克力醬天使蛋糕

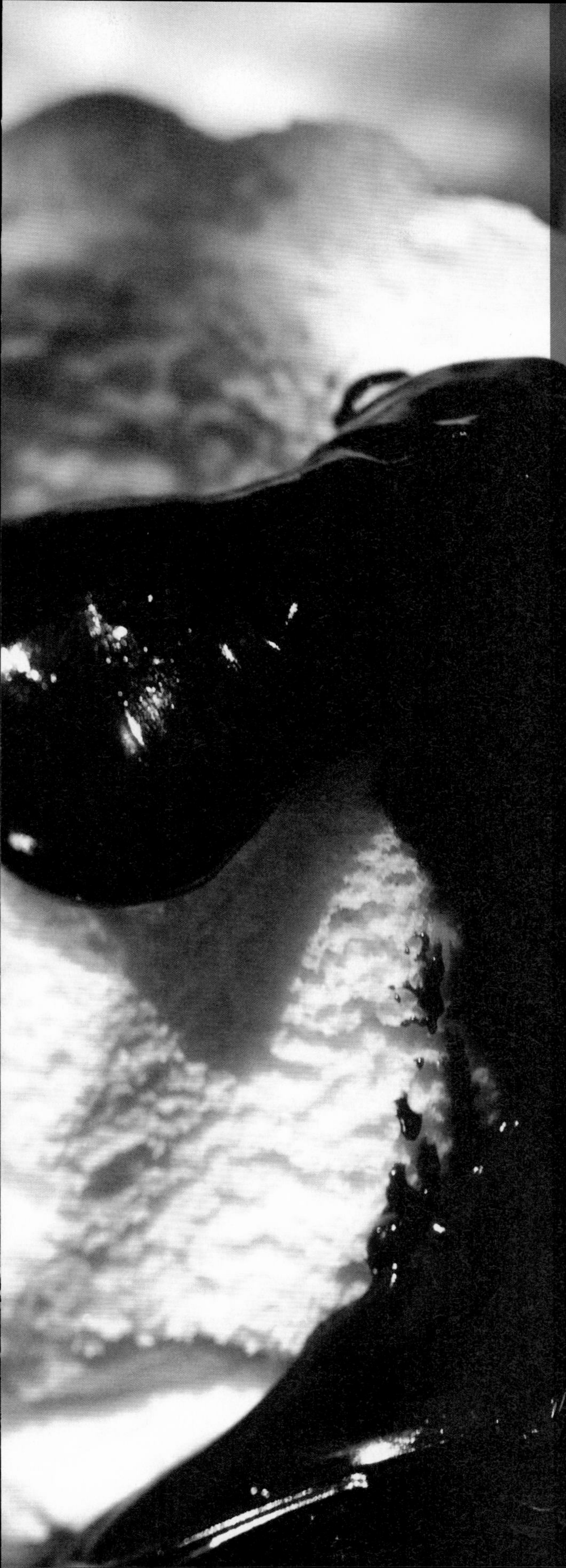

材料：

125公克中筋麵粉
230公克細砂糖
10顆室溫的雞蛋蛋白
1茶匙塔塔粉
1/2茶匙香草萃取物

巧克力醬料：

250公克切碎的黑巧克力
185毫升（3/4杯）乳脂
50公克切碎的無鹽奶油

享受快樂人數：8個朋友

等待快樂時間：10分鐘

生產快樂方式：

先將爐子預熱到攝氏180度。準備好一個尚未塗上油脂的天使蛋糕盤。將麵粉、一半的砂糖放在一個大碗中過篩4次，然後先放一旁。用電動攪拌機攪打蛋白、塔塔粉、1/4茶匙的鹽，打到泡沫丘出現為止。將剩餘的糖緩緩加入，再繼續攪打到蓬鬆發泡，再加入香草萃取物。

將麵粉和糖的混合粉末篩在剛剛的蛋白調和物上，用金屬匙輕輕的把麵粉壓到蛋白調和物裡。同樣把其餘的麵粉和砂糖過篩放入調和物。

用攪拌匙把最後的調和物鏟入蛋糕盤內，烤45分鐘或烤到用叉子插入蛋糕中間拔起來時沒有沾到麵糊的程度即可。

用抹刀輕輕地劃過蛋糕邊緣，讓蛋糕和模子分開，然後把蛋糕放在烤架上讓它完全冷卻。

巧克力醬的作法是，將巧克力、乳脂、奶油都放入一個深平底鍋內，以文火攪拌直到巧克力融化，這3種成份均勻地混合在一起。

將巧克力醬淋在蛋糕上，就可以享用有巧克力風味的天使蛋糕了。

Forget love── I'd rather fall in chocolate！！
忘了愛吧──我寧可與巧克力談戀愛！！

Bite
IT

Chocolate Me

巧克力我的初世紀

黑白

小Baby出生的時候，眼睛是瞇著的。從出世到六個月，他只能分辨明暗和黑白。
很單純，很清淨。原來世界的開始是如此的絕對，簡約的。

我想上帝想告訴我們的是：對任何人，事，物，神，都應該是這樣……
絕對的參與， 絕對的愛……絕對的專注……所有的事因此而不複雜了。

黑白是我和巧克力的開始
純粹是我對它的喜歡

The Mess and the Rainbow

媽媽說 ：girl, don't play with your food.

小時候的我常在吃完巧克力蛋糕後，
用手指繞著沾在白色紙盤上巧克力醬，畫畫。

沒人看得懂我在畫什麼，可是我好興奮，我在自己的世界里，
沒人能限制我。想看到什麼就看到什麼。

媽媽說唉唷，Look at the Mess.
我說媽咪，Look at my Rainbow.

Chocolate & Happiness

每年生日，媽媽都會准備一個巨大的巧克力蛋糕給我。
上面寫著「HAPPY BIRTHDAY 湘怡」，撒滿了巧克力米的蛋糕像被巧克力雨淋過一樣；凌亂的，整齊的， 有使命的蓋滿海綿蛋糕的身體.

我迫不及待的吹熄蠟燭，3個願望送給在遠方和我同月同日的小朋友，
我什麼都不缺。

我發現了世界上最幸福的味道， 空氣是香的， 眼睛是彎的。

Chocolate & Love

15度的冷靜， 85度的熱情。 巧克力被保溫需要15度的房間， 我的戀愛需要85度無冷卻點。

我第一次吃85%的黑巧克力是在你離開我的1500 hrs， 我好難過， 我好不甘心。我好恨你， 我好想你。

1515 hrs 我認定沒有任何人能分攤我的痛苦……我大力的擦去臉上的鹹水。我大口的咬下被剝開履薄紙的黑色方塊。原來愛被吃掉，是這個味道。

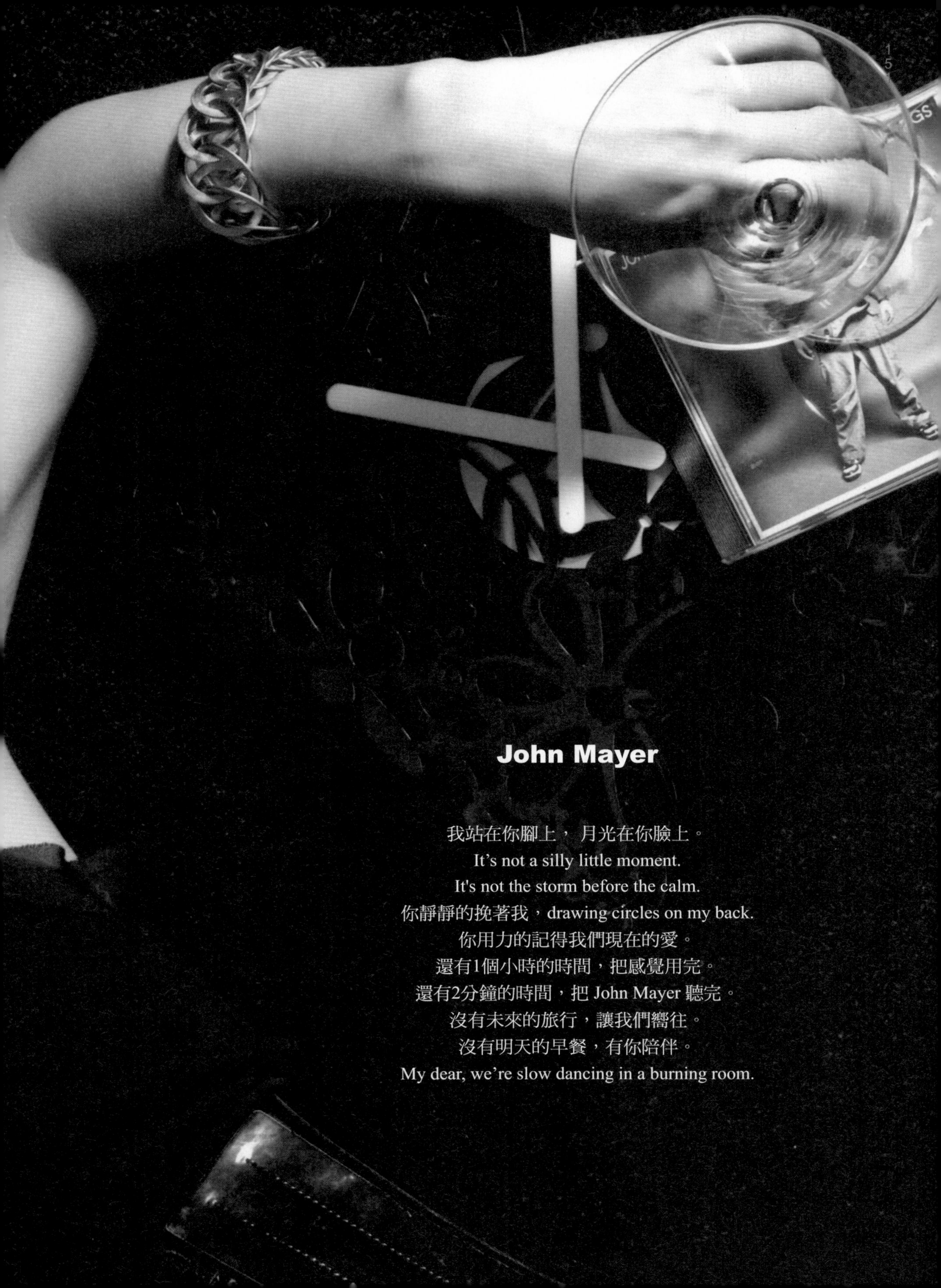

John Mayer

我站在你腳上， 月光在你臉上。
It’s not a silly little moment.
It's not the storm before the calm.
你靜靜的挽著我，drawing circles on my back.
你用力的記得我們現在的愛。
還有1個小時的時間，把感覺用完。
還有2分鐘的時間，把 John Mayer 聽完。
沒有未來的旅行，讓我們嚮往。
沒有明天的早餐，有你陪伴。
My dear, we’re slow dancing in a burning room.

December
Monday chocolate
Tuesday chocolate
Wednesday
Thursday
Friday
BE MY GUEST

Everyday is a chocolate day

今天是特別的一天，我想化點妝。
今天是重要的一天，我想帶點鑽。
今天是每一天，我想吃巧克力。

In the name of chocolate

為了你美麗，還不如吃個巧克力。
為了你擔心，還不如吃個巧克力。
為了你早起，我要補充好體力。
為了你晚睡， 我要拯救黑眼圈。
為了吃巧克力，我濫用了好多你。

AND WHY SOME COMPANIES
NEVER GIVE IN
JIM COLLINS
THE MIGHTY FALL

Dear exXXX

也許有一天，你會發現我是你吃過最好吃的甜點。
也許有一天，你會發現我是你錯過最美麗的臉。
也許有一天，你會改變。
也許那一天，我不再眷戀。

我讓你……

我讓你走進我心裡的房間，我讓你把手穿在我十指縫線。
我讓你的話語躺在枕邊，我讓你的體溫溫暖冬天。
我讓你占據了下班時間，我為你預留我的星期天。
我讓你太早知道你有多重要。

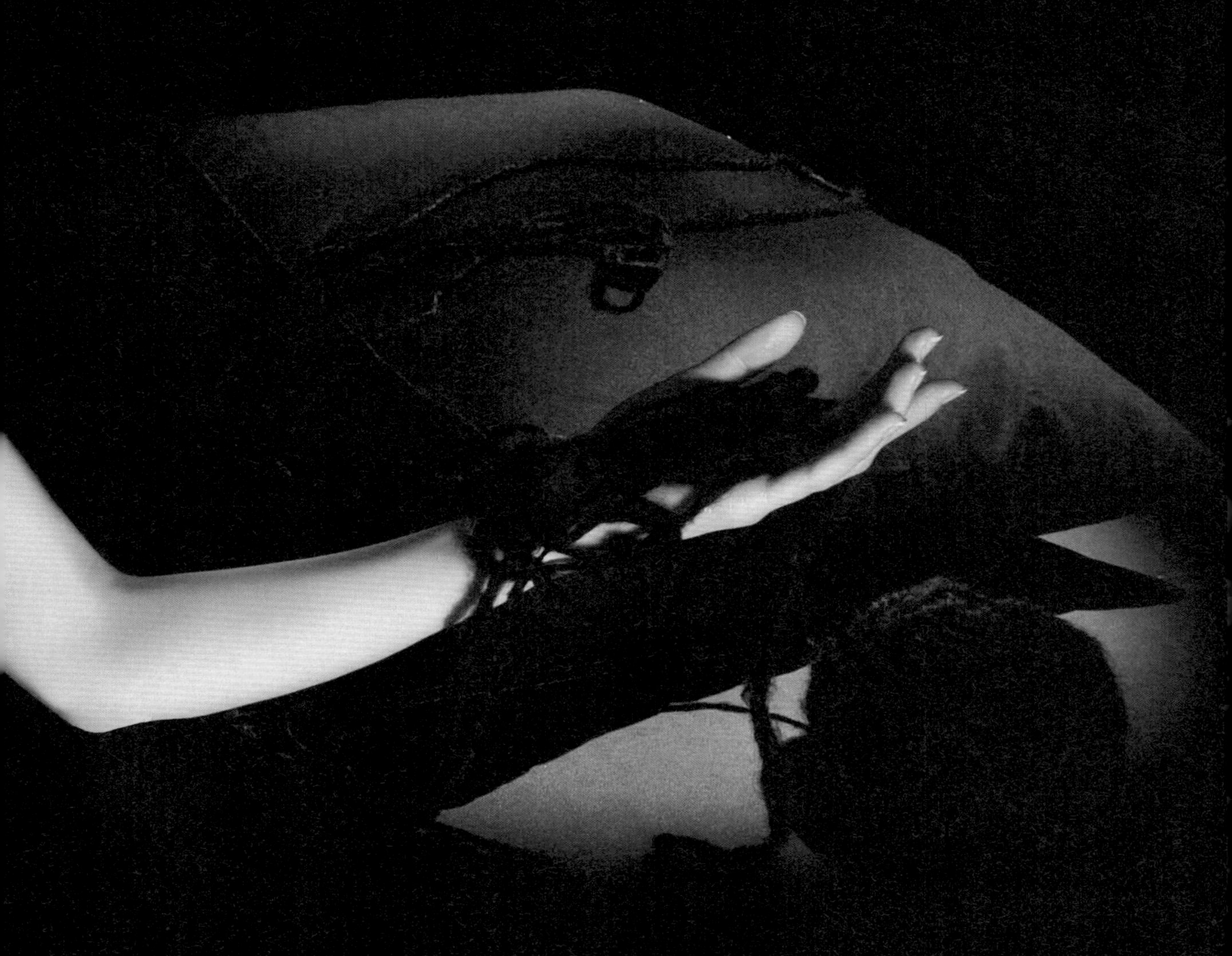

愛

我的家清出了個角落，你家有我的夾腳拖。
你買了適合我的枕頭，我把你眼鏡放在我床頭。
愛如果啞吧，它不能說話，
消音的電影還看得出感動嗎？
愛如果貧窮，它買不起花，
不燦爛的我還有時間嗎？
愛如果不美，它臉上有坑巴，
我們會興奮親吻彼此嗎？
愛……如果……

……

打不到你的電話，你應該在忙吧。
找不到我送你的鞋，應該是不合穿吧。
聽不到你說愛我，可能我剛好睡著了。
看不到我在揮手，原來我不夠吸引你了。
想不到的証據很多，不重要了。

很多很多

想不到的事情很多，像個旋渦。
打不到的壞人很多，你快幫我。
不想接的電話很多，我想失蹤。
找不到的自信很多，誰來給我？
看不到的未來很多，拼圖摸索。
聽不到的勸告很多，是怎麼了耳朵？
想不到的細節很多，還有還有。

假扮的巧克力

你笑的甜甜的，是我誤會你了？
你身上香香的，應該不是什麼壞東西。
你關心的語氣，你溫柔的肢體
你熱心，你隨性。
這些……都是你的布景，讓人湧進你寂寞的生命。
說人不要追求名利。
你繞著圈圈說道理，一不小心就會相信。
撥開了表皮，才發現你在歌頌自己。
乾冰散去後，清楚的看見你，
赤裸地站在台上，以為自己披著外衣。
哈……這一戰勝負已定。
我根本不屑吃一口假扮的巧克力。

我

我是5分熟的戚蜂蛋糕，帶著未完成的夢想，尋找最驚艷的配方。
我在儲蓄我的能量，尋找溫度最適合的烤箱。
我清楚我的平凡，但因此而勇敢。
如果我可以，就沒有人能說難。
她有漂亮的糖霜，他有繽紛的圖案。
我不要羨慕，我不能緊張。
還沒輪到我謝詞領獎。
我是6分熟的戚蜂蛋糕，帶著未完成的身體，尋找最驚艷的衣裳。

Just because it's me

我的難過算什麼？只因為是我。
我的需要算什麼？只因為是我。
我的哭聲算什麼？只因為聽不到他人的。
只因為我是自私的，只因為我是任性的，
只因為我想你完全的專注在我。

最厲害的事

讓你不期而遇的巧克力最厲害，
它沒帶著應該，
它沒裝好期待，
它沒穿著名牌，
和它的相遇只有一種很直接的滿足，
沒有批判，沒有挑剔。
反而會說：幸好遇見你。我找回了自己。

Who took your smile away?

一個小孩平均一天會笑 400 次
一個大人平均一天只笑 15 次
其余的 385 次被盜走了。
248 次 ： - 錢
112 次 ： - 錢
25 次 ： - Gravity

跑

這是一場和自己的賽跑，沒有時間，沒有對手。
沒有裁判，沒有榮耀。
只有風景一直變，深夜白天。
眼睛才剛適應了一種光亮，一個色盤。
灰色的5點，紅色的7點，藍色的9點，黑色的深夜。
只是風速一直變，咆嘯的，平靜的。
身心才剛適應了一種對待，一個安全地帶。
每小時 60公里，每小時 260公里，每小時 320公里。
我虐待似的脫掉保暖的外套，我要徹底的被襲。
徹底的被掏空，徹底的被救急。
徹底的想起，徹底的忘記。
徹底的崩潰，徹底的理性。
徹底的走失，徹底的覺醒。

問答題

21st dec 2009

你是什麼個性，我想找個適合你的巧克力。
吃飯習慣 ：你喜歡先吃雞腿還是飯？
把最愛的留到最後還是先把它吃完？
睡覺習慣 ： 你喜歡窩起來睡還是大字型的躺？
把心守的小心翼翼還是毫無顧慮的釋放？
走路習慣 ： 你喜歡走在前面還是跟在後端？
把喜歡的人牽在身邊還是嫌她走的太慢？
聆聽習慣 ： 你喜歡聽別人說還是自己說？
只過濾好聽的話還是把忠聽的也誠懇接收？
我想找個適合你的巧克力，可是你得先誠實的回答問題。

for health care reform: Obama
Government

IQ · EQ · SQ

What's your Sugar Quotient （SQ）Stella？
音樂甜心……
19歲的你讓人快得糖尿病。
大人說聲音壓低一點， 笑容收一點。
這樣箭頭不會一直向著你。
音樂的作品不值一提，快來討論三圍和雙眼皮。
25歲的你開始做生意。
讓我們仰角拍你穿短裙賣巧克力。
作品的用心不值一提，快來討論你下段戀情。
親愛的 apple daily，也許你應該 take a cube of sugar daily。
對社會貢獻一點SQ，快來討論有營養的話題。
這樣箭頭才不會一直對著你。

骨子裡

我骨子裡有難以磨滅的任性，
我的血流著濃稠的巧克力，
我有多了解自己？
我又有多愛你？
極度的有自信，極度的沒有自信，
可以很靠近，卻忍不住想分離，
極度的懷疑，卻裝的很放心，
你的肯定夠不夠分我一些來抗體，
想不清楚卻急著決定，
決定之後還是無法堅定履行，
反正我們才剛在一起，應該還不到刻骨銘心。
反正我有很多需要做的事情，應該要充實自己。
我的血流著濃稠的巧克力，
我骨子裡有難以磨滅的任性。
我的心還是渴望完美的愛情。

把貪得無厭改掉，我們應該可以為最簡單的事感到快樂。
把得失心改掉，真正無價的是每個過程
把嘴巴壞改掉，多說出真心的贊美和關懷家人。
把嫉妒心改掉，因為你今年的成績也很傲人
把視野放大，因為未來有無限的可能。
把心放大，因為你可以感動很多人。
把小放大，We can make a difference。

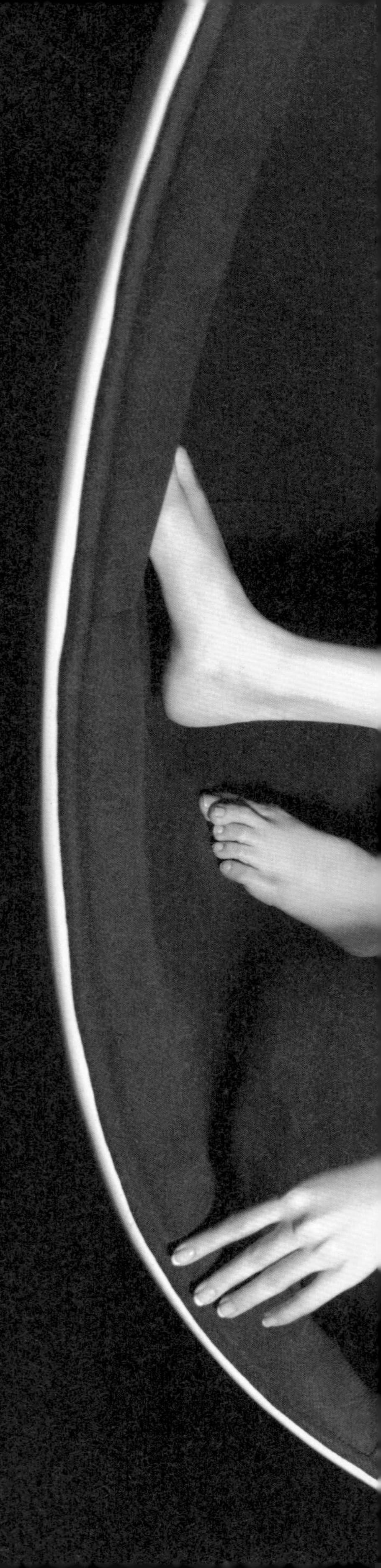

凱特文化 星生活 13

CHOCOLATE ME

作者：黃湘怡
發行人：陳韋竹
總編輯：嚴玉鳳
編輯：詹雅婷
行銷企劃：王紀友、張芷穎
美術：楊荏因
法律顧問：志律法律事務所 吳志勇律師
出版者：凱特文化創意股份有限公司
地址：台北縣236土城市明德路2段149號2樓
電話：（02）2263-3878
傳真：（02）2263-3845
劃撥帳號：50026207凱特文化創意股份有限公司
讀者信箱：service.kate@gmail.com
凱特文化部落格：http://blog.pixnet.net/katebook

經銷：聯合發行股份有限公司
負責人：陳日陞
地址：231臺北縣新店市寶橋路235巷6弄6號2樓
電話：(02) 2917-8022
傳真：(02) 2915-6275

初版：2009年12月
定價：350元

國 家 圖 書 館 出 版 品 預 行 編 目 資 料

Chocolate Me / 黃湘怡著；
--初版---臺北市：凱特文化創意； 2009.12
面； 公分.--（星生活；13）
ISBN 978-986-6606-68-7（平裝）
1創業 2自我實現 3文集
494.107 98022981

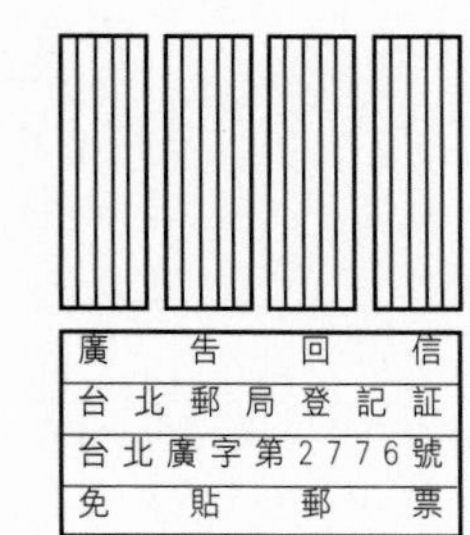

台北市100重慶南路一段121號5樓之4

凱特文化　收

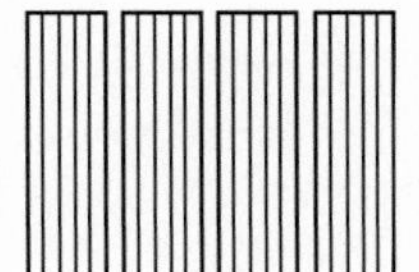

姓名：

地址：

電話：

凱特文化 讀者回函

敬愛的讀者您好：
感謝您購買本書，只要填妥此卡寄回凱特文化出版社，我們將會不定期給您最新的出版訊息與特惠活動資訊！

您所購買的書名：______________________

姓名：______________________ 性別：□男 □女

出生日期：________年________月________日 年齡：________

電話：______________________

地址：______________________

E-mail：______________________

________ 學歷：1. 高中及高中以下 2. 專科與大學 3. 研究所以上

________ 職業：1. 學生 2. 軍警公教 3. 商 4. 服務業
5. 資訊業 6. 傳播業 7. 自由業 8. 其他

________ 您從何處獲知本書：1. 逛書店 2. 報紙廣告 3. 電視廣告 4. 雜誌廣告
5. 新聞報導 6. 親友介紹 7. 公車廣告 8. 廣播節目
9. 書訊 10. 廣告回函 11. 其他

________ 您從何處購買本書：1. 金石堂 2. 誠品 3. 博客來 4. 其他

________ 閱讀興趣：1. 財經企管 2. 心理勵志 3. 教育學習 4. 社會人文
5. 自然科學 6. 文學 7. 樂藝術 8. 傳記 9. 養身保健
10. 學術評論 11. 文化研究 12. 小說 13. 漫畫

請寫下你對本書的建議：______________________

4258-VH